HERZOG AUGUST BIBLIOTHEK

Wolfenbütteler Hefte 37

Herausgegeben von der
Herzog August Bibliothek Wolfenbüttel

Wolfenbüttel 2019

Petra Feuerstein-Herz (Hrsg.)

Feurige Philosophie

Zur Rezeption der Alchemie

Bibliografische Information der Deutschen Nationalbibliothek:
Die Deutsche Nationalbibliothek verzeichnet diese Publikation in der Deutschen Nationalbibliografie; detaillierte bibliografische Daten sind im Internet über *http://dnb.dnb.de* abrufbar.

Bibliographic information published by the Deutsche Nationalbibliothek:
The Deutsche Nationalbibliothek lists this publication in the Deutsche Nationalbibliografie; detailed bibliographic data are available on the Internet at *http://dnb.dnb.de*.

Gedruckt auf alterungsbeständigem, säurefreiem Papier.

Vetrieb: Harrassowitz Verlag (in Kommission), www.harrassowitz-verlag.de
Druck: Memminger MedienCentrum Druckerei und Verlags-AG, Memmingen
Gestaltung: anschlaege.de
Printed in Germany

ISBN 978-3-447-11272-7
ISSN 9999-9133

INHALT

PETER BURSCHEL

Vorwort

Feurige Philosophie, das ist die Alchemie in der Tat. Ob als geschlechter- und wissensgeschichtlich aufgeladener »Kriminalfall«; als »sound history«, Spracharbeit und Dichtungstheorie; als produktives Versuchsmedium von Irrtum; oder als erstaunlicher Wiedergänger in kernphysikalischen Laboratorien: Die vier Beiträge des vorliegenden »Wolfenbütteler Heftes« zeigen, wie Alchemie im inter- und transdisziplinären Zugriff perspektiviert werden kann – und welche Forschungsmöglichkeiten das weite (und zerklüftete) alchemische Feld bietet.

Gleichzeitig erlauben sie es, die frühe Neuzeit einmal mehr zumindest heuristisch als »Musterbuch der Moderne«, ja, als »Laboratorium der Moderne« zu verstehen. Denn auch das ist die Alchemie: ein Prozess der oft genug subkutanen Transmutation, sei es durch Aneignung, Anpassung oder Abstoßung, sei es durch Verwandlung.

Die vier Beiträge führen aber auch das vor Augen: Die Herzog August Bibliothek ist als außeruniversitäre Forschungseinrichtung zugleich ein Zentrum der historischen Alchemieforschung, die hier auf einzigartige Bestände zurückgreifen kann. Bestände, die prosopographische Annäherungen ebenso erlauben wie die Untersuchung von Transferprozessen oder Bildsprachen. Die Ausstellung *Goldenes Wissen*, die nicht zuletzt den Praktiken der materiellen Kultur der Alchemie gewidmet war, zog 2014 und 2015 Besucherinnen und Besucher aus aller Welt an; ihr Katalog gilt längst als Standardwerk[1]. Aber auch laufende Projekte – zum Beispiel zur epistemologischen Dynamik der frühneuzeitlichen Alchemie – zeugen davon, wie eng alchemische Sammlung und alchemische Forschung in der Herzog August Bibliothek aufeinander bezogen sind.

Kurz, die vier Beiträge markieren ein Forschungsfeld, an dessen Profilierung die Herzog August Bibliothek besonderen, wenn nicht entscheidenden Anteil hat, das aber auch die Herzog August Bibliothek immer wieder neu herausfordert. Feurige Philosophie eben! Grund genug für ein »Wolfenbütteler Heft«, das übrigens erstmals den Maßgaben unseres neuen Corporate Design folgt.

1 PETRA FEUERSTEIN-HERZ, STEFAN LAUBE (Hrsg.): Goldenes Wissen. Die Alchemie – Substanzen, Synthesen, Symbolik, Ausstellungskataloge der Herzog August Bibliothek 98, Wolfenbüttel 2014, Nachdruck 2016.

PETRA FEUERSTEIN-HERZ

Einleitung

Das facettenreiche Wissensgebiet, das man heute mit dem Begriff ›Alchemie‹ umreißt, hat sich in vielfältiger Weise in der handschriftlichen und gedruckten Überlieferung der Herzog August Bibliothek erhalten. Die Bibliothek erschließt diese Bestände in einschlägigen Projekten[1] und präsentierte sie in einem breiten Querschnitt vor einigen Jahren in der Ausstellung *Goldenes Wissen.*[2] Die Komposition des vorliegenden Bandes mit vier Beiträgen, die im Zusammenhang mit diesen Aktivitäten entstanden sind, zielt darauf, die Spannbreite und Mannigfaltigkeit der frühneuzeitlichen Alchemie aufzuzeigen.

Alchemisches Tun gestaltete sich nicht nur als ein Experimentieren im Laboratorium, von gleichem Gewicht war das gelehrte Studium der Quellen einer langen schriftlichen Tradition. Die Adepten und Gelehrten hielten ihr Wissen jedoch im Regelfall sprachlich oder in Bildern verschlüsselt in ihren Schriften fest und gaben sich auch nicht immer als Autoren namentlich zu erkennen.

Vereinfacht gesagt gründete alchemisches Denken auf der Theorie einer einheitlichen materiellen Grundlage der Welt. Der Leitgedanke hierbei war die Vorstellung, dass alle natürlichen Substanzen in jeweils bestimmten Kombinationen von vier Grundqualitäten – feucht, trocken, kalt und warm – zwar determiniert sein sollten, sich in dieser spezifischen Zusammensetzung aber über lange Zeiträume hin verändern bzw. transmutieren können. Verstanden wurde dies im Sinn einer Reifung und Vervollkommnung. Metalle etwa würden in der höchsten Stufe zu Gold transmutieren. Den Alchemikern schrieb man dabei Fähigkeiten und Kenntnisse zu, derartige Prozesse auch auf künstlichem Weg im Laboratorium vollziehen und die Vervollkommnung der Materie beschleunigen zu können. Von zentraler Bedeutung waren chemisch-technologische Verfahren wie die Reinigung und Vermischung von Substanzen oder ihre Isolierung aus Substanzgemischen, hier vor allem die Destillation. Eng mit der praktischen Arbeit im

1 Vgl. dazu das Portal *Alchemiegeschichtliche Quellen in der Herzog August Bibliothek* http://alchemie.hab.de/ [letzter Zugriff 07.01.2019] sowie zwei weitere Forschungsprojekte, die im Folgenden erwähnt werden.

2 Vgl. dazu den zur Ausstellung erschienenen Katalog PETRA FEUERSTEIN-HERZ, STEFAN LAUBE (Hrsg.): Goldenes Wissen. Die Alchemie – Substanzen, Synthesen, Symbolik, Ausstellungskataloge der Herzog August Bibliothek 98, Wolfenbüttel 2014, Nachdruck 2016.

Laboratorium verbanden sich über die Jahrhunderte hin auch religiös-spirituelle Handlungen. Die Adepten strebten nach tieferen Einsichten in die Weltzusammenhänge und hofften auf ein Erkennen und Verstehen der Verbindungen zwischen Gott, Natur und Mensch. Zugrunde lag hier die Vorstellung, mit der im Laboratorium vollzogenen Reinigung und Vervollkommnung von Materie könne zugleich die geistige Läuterung des Adepten einhergehen. In der Zeit des 16. Jahrhunderts lieferte Alchemie besonders auch im Kontext der aufkommenden Bewegung um den Arzt Theophrastus von Hohenheim (1493/4 – 1541), genannt Paracelsus, den Angelpunkt für ein Netzwerk vielfältiger spiritualistischer, hermetischer, kabbalistischer und magischer Strömungen. Nicht zuletzt diese Seite von Alchemie prägte ihre bis in unsere Zeit gegenwärtige Aura des Geheimnisvollen und Enigmatischen.

Wie eng spirituelle Handlungen, Initiationsprozesse, Visionen oder auch Vortrag und Deklamation von Lehrdichtungen, alchemischen Rätseln und ähnlicher in handschriftlicher und gedruckter Form überlieferter literarischer Zeugnisse an das Laboratorium selbst gebunden waren, lässt sich nicht genau bestimmen. Die Kenntnisse davon gründen vor allem in dem reichen Schrifttum, das uns überliefert ist. Die Herzog August Bibliothek besitzt heute annähernd 3.000 alte Drucke und Handschriften[3] zur Alchemie. Aufgrund ihrer Präsenz und großen inhaltlichen Bandbreite in der frühen Neuzeit kann es nicht verwundern, dass in der im 16. Jahrhundert begründeten fürstlichen Bibliothek auf vielen Wegen und aus unterschiedlichsten Zusammenhängen ein breiter Querschnitt der schriftlichen Überlieferung zusammengekommen ist.

Alchemische Werke fanden bereits in der Zeit Interesse, als sich eine erste Büchersammlung im Wolfenbütteler Schloss unter Herzog Julius zu Braunschweig-Lüneburg (1528 – 1589) formierte. Hierzu gehörte auch das von alchemischem Denken inspirierte Schrifttum des oben erwähnten Paracelsismus. Herzog Julius praktizierte möglicherweise selbst im alchemischen Laboratorium,[4] wie andere Adelige seiner Zeit hatte er aber einen Alchemisten an den Wolfenbütteler Hof geholt, der einen alchemischen Prozess zur Goldherstellung zu kennen versprach. Aus der speziellen Perspektive einer scheinbaren Nebenfigur, der Anna Maria Schombach, genannt die Ziegle-

3 Der Bestand mittelalterlicher und frühneuzeitlicher Handschriften in der Herzog August Bibliothek umfasst rund 80 Handschriften, vgl. SVEN LIMBECK: Bild und Text in alchemischen Handschriften, in: Ebd., S. 239 – 276.

4 Vgl. dazu die Hinweise auf Laborgeräte im Schloss Wolfenbüttel zur Zeit von Herzog Julius, die BARBARA UPPENKAMP bei der Auswertung eines Inventars der Räume fand; zu den Literaturangaben s. den folgenden Beitrag von UTE FRIETSCH, S. 36, Anm. 84.

rin, beschäftigt sich der erste Beitrag des Bandes mit dieser alchemistischen Episode der Jahre 1571–1575 im Herzogtum Wolfenbüttel. UTE FRIETSCH, seit 2014 in alchemiegeschichtlichen Projekten an der Herzog August Bibliothek tätig,[5] geht in ihrem Beitrag »Leben und Sterben in der Alchemie: Die Hinrichtung der Anna Maria Ziegler und die Spur eines Artefakts« den Ereignissen minutiös nach und beleuchtet dabei die gesellschaftliche Bewertung der an alchemistischen Handlungen beteiligten Praktiker, speziell der Frauen nicht privilegierten Standes: Wie ist die Rede von Betrug in Hinblick auf deren Ergebnisse historisch einzuschätzen? Auf die Bedeutung des Paracelsismus kommt Frietsch im Zusammenhang mit dem bekannten (pseudo-)paracelsischen Homunculus-Rezept ausführlicher zu sprechen, auf das Anna Schombach mit einem eigenen Löwenblut-Rezept rekurrierte. Spannungsreich inszeniert sich der Beitrag um ein nicht zuletzt materialgeschichtlich und landeskundlich interessantes Artefakt: einen eisernen Stuhl, den »Hexenstuhl«, auf dem die Zieglerin im Jahr 1575 angeblich verbrannt wurde.

Die Spezifität und zugleich Vielgestaltigkeit von Alchemie – nicht nur im Kontrast zu der Wolfenbütteler Alchemistenepisode – vermag der folgende Beitrag inhaltsreich zu entfalten. Unter dem Titel »Sounding Alchemy« setzt sich SVEN LIMBECK, stellvertretender Leiter der Abteilung Handschriften und Sondersammlungen der Wolfenbütteler Bibliothek und an der Ausstellung *Goldenes Wissen* maßgeblich beteiligt, mit der uns heute wohl eigentümlich erscheinenden Verbindung von Alchemie und Musik in Mittelalter und früher Neuzeit auseinander. Diese Thematik inszenierten die Künstler von *The Schoole of Night* (Berlin) und Sven Limbeck bemerkenswert im Begleitprogramm zur Ausstellung im Format eines Gesprächskonzerts. Ihre gemeinsame theoretische Grundlage finden die frühneuzeitliche Hermetik und die musikalische Theorie dieser Zeit wiederum in der erwähnten Vierelementenlehre, die Welt und Natur, das Ganze und das Einzelne, Makro- und Mikrokosmos in einem System von Analogien und Entsprechungen verbunden sieht. Musik verstand man in diesem Sinn als Medium einer weltlich-geistigen Synthese, ein Bindeglied zwischen Anfechtung und Heilserwartung, Kontingenz und Erlösung. Limbeck entwickelt die Beziehungen in drei Komplexen. Zunächst geht er der Verwendung von alchemischer Motivik als musikalischem Sujet – etwa in der Sangspruchdichtung –

5 UTE FRIETSCH erstellte den Thesaurus zur Erschließung der gedruckten alchemischen Bestände (s. Anm. 1) und ist seit 2016 im Projekt *Epistemischer Wandel: Stadien der frühneuzeitlichen Alchemie* tätig URL: http://www.hab.de/de/home/wissenschaft/forschungsprofil-und-projekte/epistemischer-wandel-stadien-der-fruehneuzeitlichen-alchemie.html [letzter Zugriff 07.01.2019].

nach, um dann Beispiele musikalisch konzipierter Alchemie vorzustellen. Als deren ältestes bekanntes Zeugnis betrachtet man heute den gregorianischen Choral *En pulcher lapis noster*. Er wird Johannes von Teschen zugeschrieben, der im 14. Jahrhundert vermutlich als Geistlicher wirkte und alchemische Schriften verfasste. In der Logik möglicher Beziehungen von Alchemie und Musik untersucht Limbeck schließlich einige Versuche, Musik nach alchemischen Prinzipien zu komponieren. Hier gelingt es dem Autor, das Thema wieder konkret an den Wolfenbütteler Hof rückzukoppeln, indem er die handschriftlich überlieferte Kontrapunktlehre von Johann Theile, seit 1685 Kapellmeister am Wolfenbütteler Hof unter Herzog Anton Ulrich, analysiert und uns vor Augen führen kann, wie Theile die Suche nach kontrapunktischen Regeln mit der Suche nach dem Stein der Weisen parallelisierte. In seinem weiten Ausgriff vom liturgischen Gesang bis zur ausgehenden Epoche des Kontrapunkts arbeitet Sven Limbeck die strukturellen Übereinstimmungen zwischen musikalischem und alchemischem Denken profund heraus.

Hiermit an der Schwelle zum 18. Jahrhundert angelangt, das heute gemeinhin als Endzeit der historischen Alchemie betrachtet wird, führt THOMAS KRUEGER mit dem folgenden Beitrag anschaulich die Bedeutung der chemisch-technologischen Seite der Alchemie in dieser Zeit vor Augen. Krueger, bis 2016 Leiter des Museums im Schloss Fürstenberg, berichtet in seinem Beitrag »Das weiße Gold und die Anfänge der Porzellanmanufaktur Fürstenberg« von dem dortigen spektakulären Fund der ältesten erhaltenen Anlage eines Porzellanbrennofens in Europa im Jahr 2006 und rekonstruiert in diesem Zusammenhang die verschlungenen Pfade der Herstellung von Porzellan in der frühen Neuzeit. Die europäische Nacherfindung von Porzellan, das man aus China seit dem 13. Jahrhundert kannte, war eng mit den theoretischen Annahmen und technologischen Verfahren in der Alchemie vernetzt. Die Besonderheit von »echtem« Porzellan liegt im Unterschied zu anderem Feinsteinzeug, wie etwa dem sogenannten Medici-Porzellan (1581–1586), in seiner Formbarkeit und der feinen Beschaffenheit als Malgrund. Porzellan besteht aus den drei Mineralien Kaolinit, Quarz und Feldspat, wobei es auf das Austarieren bestimmter Mischungsverhältnisse untereinander und mit Wasser ankommt, um eine formbare Porzellanmasse zu erhalten. Des Weiteren – auch das ein naher Bezug zur alchemischen Laborarbeit – spielt der exakte Umgang mit hohen Temperaturen in Brennöfen eine grundlegende Rolle. Thomas Krueger erläutert in seinem detailreichen Beitrag die materialkundlichen, methodischen und thermodynamischen Hintergründe im Kontext des naturwissenschaftlichen und technologischen Wissensstands in der frühen Neuzeit. Bekannt ist, dass im Zusammenhang mit alchemischen Versuchen und ohne die Kenntnis der exakten physikalisch-chemischen Vorgänge im Porzellanbrand im Jahr 1708 Johann Friedrich Böttger in Zusammenarbeit mit Ehrenfried Walther von Tschirnhaus in langen Experimentalreihen die Herstellung von europäischem Hartporzellan gelang. In diesen Rahmen bettet Thomas Krueger die Geschichte der Porzellanmanufaktur Fürstenberg ein, die bis in das Jahr 1744 zurückreicht und sowohl archivalisch als auch durch archäologische Funde ausgezeichnet überliefert ist. Krueger vermag an diesem Beispiel zu verdeutlichen, wie eng alchemisch-technologische Praktiken mit kultur- und wirtschafts-, auch umweltgeschichtlichen Bedingungen verbunden sein konnten. Fürstenberg als Ort im Weserdistrikt gehörte zur Wolfenbütteler Linie im Herzogtum Braunschweig-Lüneburg. Wie an vielen anderen Höfen Deutschlands und Europas zählte Porzellan zu den repräsentativen Schauobjekten in den Sammelkabinetten – Herzog Anton Ulrich von Braunschweig-Wolfenbüttel hatte schon Ende des 17. Jahrhunderts in seinem Lustschloss Salzdahlum ein *Cabinet de Porcellain* eingerichtet.

Der den Band abschließende Beitrag von STEFAN LAUBE zieht unter dem Titel »Von Beuys zu Jung« die Verbindungslinie von der frühneuzeitlichen Alchemie in unsere Zeit. Mit »Reanimationen der Alchemie in der Moderne« will Laube – Mitkurator der Ausstellung *Goldenes Wissen* und in einem bildwissenschaftlichen Projekt zur Alchemiegeschichte an der Herzog August Bibliothek tätig[6] – nicht nur die Vielgestaltigkeit von Alchemie auch in ihrem Fortleben aufzeigen, wichtig ist es ihm, Alchemie vor allem »als Fundgrube für Bedürfnisse der modernen Zeit«, etwa auch der populären Kultur zu spezifizieren. Wie alchemisches Denken und die Ausprägungen hermetischer Praxis die bildende Kunst, Philosophie und Kulturwissenschaften des 20. Jahrhunderts anregten und bis in die Gegenwart wirken, verdeutlicht der Autor anhand der Aktionskunst des Joseph Beuys, der die Tätigkeit bildender Künstler als eine geistige Entwicklungen auslösende Arbeit an Materie verstand, sowie dem tiefenpsychologischen Zugang Carl Gustav Jungs. Dieser gelangte über die Auseinandersetzung mit Mythologien und Religionen zur historischen Alchemie und ihrer allegorischen (Bild-)Welt, die zu den wichtigen Fundamenten seiner Psychologie des Unbewussten und seiner Traumsymbolik gehört. Stationen auf diesem Weg sind Mircea Eliades seit den 1930er Jahren veröffentlichte Schriften über das Machbarkeitsdenken in Geschichte und Gegenwart, Alexandre Koyrés Anstoß zu einer Neubewertung der frühneuzeitlichen Alchemie als einer autonomen, zu-

6 *Bilder aus der Phiole. Untersuchungen zur Bildsprache der Alchemie in der frühen Neuzeit* URL: http://www.hab.de/de/home/wissenschaft/forschungsprofil-und-projekte/bilder-aus-der-phiole-untersuchungen-zur-bildsprache-der-alchemie-in-der-fruehen-neuzeit.html [letzter Zugriff 07.01.2019].

gleich Impulse setzenden Denkkultur und Umberto Ecos Beschäftigung mit ihr als Modell zur Analogiebildung, die ihn nicht nur als Zeichentheoretiker interessierte, sondern auch literarisch inspirierte. Stefan Laubes Beitrag endet nicht ohne eine Hinwendung zu den Naturwissenschaften unserer Zeit: Mit der gerne erzählten Alchemie-Traum-Geschichte der Entdeckung der ringförmigen Struktur des Benzols durch den Bonner Chemiker Friedrich August Kekulé Ende des 19. Jahrhunderts leitet er über zur Bedeutung von letztlich auf Archetypen zurückführbarer naturwissenschaftlicher Forschung und Theoriebildung des 20. Jahrhunderts, beispielhaft vorgeführt an dem ganzheitlichen Ansatz des Quantenphysikers und Nobelpreisinhabers Wolfgang Pauli, den speziell die Alchemie des 17. Jahrhunderts faszinierte. In ihr sah Pauli ein ideales Zusammenspiel eines ganzheitlich-spirituellen Naturzugangs mit der in dieser Zeit aufkommenden auf exakten Methoden, Experiment und Mathematik beruhenden naturwissenschaftlichen Forschung.

In dieser Bandbreite vom historischen Ereignis am Wolfenbütteler Hof bis zu den Nachwirkungen der frühneuzeitlichen Alchemie in Kultur und Wissenschaft unserer Zeit mögen die Beiträge zu diesem kleinen Sammelband auf die weite Bedeutung der historischen Alchemie und zugleich auf den Reichtum der Wolfenbütteler Quellenbestände hinweisen.

UTE FRIETSCH

Leben und Sterben in der Alchemie: Die Hinrichtung der Anna Maria Ziegler und die Spur eines Artefakts

Eine Relektüre des Falles Sömmering

1571, drei Jahre nach dem Regierungsantritt von Herzog Julius zu Braunschweig-Lüneburg (1528–1589), wurde Philipp Sömmering (um 1540–1575), ein ehemaliger lutheranischer Pfarrer aus dem Fürstentum Sachsen-Gotha, am Wolfenbütteler Hof vorstellig*. Er arbeitete seit etwa 18 Wochen in den Salzwerken des Herzogs als Salzsieder, stellte sich diesem nun jedoch im persönlichen Gespräch als Alchemist vor, und damit als jemand, der weit mehr, nämlich die Herstellung des Steines der Weisen sowie eine jährliche Ertragssteigerung der Bergwerke um 200.000 Taler zu erreichen fähig sei. Sömmering versprach Julius, ihn einen alchemischen Prozess zu lehren, mit dem er Gold herstellen und so zum mächtigsten Potentaten Europas werden könne. Julius' Vertrauen gewann er unter anderem durch die lutherische Geisteshaltung, die er mit ihm zu teilen schien. Da der Herzog ihm gewogen war, veranlasste Sömmering einige Bekannte aus seiner Zeit am Hof von Johann Friedrich von Sachsen-Gotha, ihm nach Wolfenbüttel zu folgen: So insbesondere Johann Friedrich Heinrich Schombach (gest. 1575), einen ehemaligen Kammerdiener und Hofnarren, und dessen Frau Anna Maria Schombach, geborene Ziegler, genannt die Zieglerin (um 1550–1575); weitere Personen, unter ihnen Sömmerings Ehefrau, folgten. Sömmering wurde in der Alten Apotheke in Wolfenbüttel untergebracht, wo er in einem eigenen Laboratorium arbeitete; Anna Maria Ziegler und Heinrich Schombach wohnten auf Kosten von Herzog Julius etwas abseits im Gartenhof, einer Herberge im Wolfenbütteler Stadtteil Heinrichstadt. Anna Maria Ziegler erhielt ebenfalls ein Laboratorium und einen Assistenten.

Die Umstände und Vorgänge um die »betrügerischen Laboranten«, die von 1571 bis 1575 am Hof in Wolfenbüttel wirkten, lassen sich heute aus Kriminalakten erschließen, die sich im Niedersächsischen Landesarchiv in Wolfenbüttel befinden: In den 31 Konvoluten mit tausenden von Textseiten gehen alchemische Traktate und Briefe von Philipp Sömmering und Anna Maria Ziegler nahtlos in Gerichtsprotokolle über, wobei alle Aussagen der

* Die Arbeit an dem Artikel wurde gefördert durch die Deutsche Forschungsgemeinschaft (DFG) – Projektnummer 632428.

Gruppe durch die Aufschriften auf den Deckblättern als »betrügerisch« qualifiziert werden.[1]

Der Fall Sömmering als Fall Zieglerin

Der sogenannte »Fall Sömmering« ist in den umfangreichen Akten gut dokumentiert und zudem durch die Arbeiten des Juristen und Amtsrichters Albert von Rhamm (1846–1924) aus dem späten 19. Jahrhundert[2] sowie der Historikerin und Alchemieforscherin Tara Nummedal in unserer Zeit[3] intensiv analysiert und ausgewertet. Bis heute gibt es zu dem »Fall Sömmering« zudem eine rege Produktion von Novellen und Romanen.[4]

Auffällig ist dabei, dass sich die Einschätzung der Protagonisten zumindest in der Forschung stark gewandelt hat: Während Rhamm Philipp Sömmering als Kopf einer Alchemistenbande auffasste und ihn ins Zentrum seiner Analyse stellte, fokussiert Nummedal zum einen auf Anna Maria Ziegler und zum anderen auf den Umstand, dass die Aussagen der Gruppe mit dem Mittel der Folter erwirkt wurden. Rhamm urteilt seine Alchemisten als bedauernswerte Betrüger ab, wobei er die erotische Aufladung der Figur der Anna Maria Ziegler als (Betrügerin im Sinne der) Verführerin unkritisch aus den Quellen übernimmt. Nummedal nutzt die Akten hingegen, um die praktischen und alltäglichen Aspekte eher ungelehrter Formen von Alchemie herauszuarbeiten, ohne diese moralisch zu bewerten. Sie weist zudem darauf hin, dass Ziegler – eine Frau aus niederem sächsischem Adel, nach eigener Auskunft aufgewachsen am Hof Augusts und Annas von Sachsen in Dresden[5] – in Wolfenbüttel eine eigenständige Alchemie zu entwickeln begann: In dieser Alchemie kamen spezifische produktive und reproduktive

1 Niedersächsisches Landesarchiv Wolfenbüttel (im Folgenden abgekürzt mit NLA WO), Signatur 1 Alt 9 Nr. 306–336 (Acta, die betrügerischen Laboranten in Wolfenbüttel betreffend). Ziegler erwähnt ihren Assistenten Bartold Taube (»mein Laborant Bartel«) in einem Brief an Herzog Julius vom 3. September 1573, ebd. Nr. 307, fol. 72ʳ.

2 ALBERT RHAMM: Die betrüglichen Goldmacher am Hofe des Herzogs Julius von Braunschweig. Nach den Proceßakten, Braunschweig 1883, URL: https://nbn-resolving.org/urn:nbn:de:gbv:084-11030410538 [letzter Zugriff 10.01.2019].

3 TARA E. NUMMEDAL: Alchemical Reproduction and the Career of Anna Maria Zieglerin, in: Ambix 48, 2 (2001), S. 56–68 sowie TARA NUMMEDAL: Alchemy and Authority in the Holy Roman Empire, Chicago-London 2007.

4 Vgl. exemplarisch: GEORGE HILTL: Der Teufelsdoctor von Wolfenbüttel, in: DERS.: Historische Novellen, Berlin 1873, Bd. 1, S. 1–127; JÜRGEN HODEMACHER: Der Fall Sömmering. Acta, die betrügerischen Laboranten in Wolfenbüttel betreffend, Braunschweig 2015.

5 Zur Biographie vgl. RHAMM: Goldmacher (s. Anm. 2), S. 13–15 und S. 70, Anm. 18; JETTE ANDERS: Anne Marie Ziegler (um 1545–1575), in: DIES.: 33 Alchemistinnen. Die verbor-

Vorstellungen und Anliegen einer Frau des 16. Jahrhunderts zur Entfaltung, die sich in anderen alchemischen Schriften so nicht finden.[6] Mit Blick auf die Prozessakten lässt sich sagen, dass sowohl Sömmering wie Ziegler hier durch ihre alchemischen Traktate als aktive Protagonisten in Erscheinung treten, während etwa Heinrich Schombach, dem Sömmering zunächst die Rolle des alchemischen Assistenten zugedacht hatte, diese offenbar nicht wirklich ausübte.

Die folgenden Ausführungen, die auf den Untersuchungen von Rhamm und Nummedal sowie eigener Einsicht in die Akten basieren, fokussieren die sozialen Verwerfungen, die Alchemiker niedrigen sozialen Standes von besser situierten Alchemikern unterschieden, sowie mögliche Unterschiede in den Beweggründen der Alchemie treibenden Beteiligten.[7] Im Unterschied zu den bisher erschienenen Arbeiten von Rhamm und Nummedal berücksichtige ich, dass nicht nur »die betrügerischen Laboranten«, sondern auch Mitglieder der herzoglichen Familie Alchemie betrieben. Bei der Auseinandersetzung mit der Hinrichtung Zieglers beziehe ich zudem ein Artefakt in die Untersuchung ein, das Herzog Julius und Anna Maria Ziegler gleichsam mit einem eisernen Band verbindet und das bislang in der Forschung nur am Rande Erwähnung fand: den ›Hexenstuhl‹, auf dem sie, von ihm verklagt, im Jahr 1575 angeblich verbrannt wurde (Abb. 1).

Wie sowohl in der Wissenschaftsgeschichte als auch in der Kulturgeschichte seit einigen Jahrzehnten betont wird, können Artefakte des alltäglichen Gebrauchs die historische Analyse insofern unterstützen, als sie als Primärquellen dazu beitragen, implizites Wissen und Praktiken der Vergangenheit besser zu erschließen. In unserem Zusammenhang ist der ›Hexenstuhl‹ zudem auch insofern interessant, als er dazu beiträgt, sowohl die Protagonistin unserer Geschichte wie auch die Legendenbildung um ihre Person etwas konkreter vor Augen zu bringen und somit die Relektüre des Falles Sömmering als Fall Zieglerin zu unterstützen. Dass dieses Objekt, das sich heute im Braunschweigischen Landesmuseum befindet, in der bishe-

gene Seite einer alten Wissenschaft, Berlin 2016, S. 147–153. Eine konkrete Beziehung Zieglers zu Anna und August von Sachsen ist bislang nicht nachgewiesen.

6 TARA NUMMEDAL: Anna Zieglerin's Alchemical Revelations, in: ELAINE LEONG, ALISHA RANKIN (Hrsg.): Secrets and Knowledge in Medicine and Science, 1500–1800, Burlington 2011, S. 125–141.

7 In der deutschsprachigen Forschung hat es sich seit einigen Jahren etabliert von »Alchemikern« anstatt Alchemisten zu sprechen, um der Gleichsetzung von Alchemie und Goldmacherei zuvorzukommen. Zur Ununterscheidbarkeit der Begriffe Chemie und Alchemie in der frühen Neuzeit vgl. WILLIAM R. NEWMAN, LAWRENCE M. PRINCIPE: Alchemy vs. Chemistry: The Ethymological Origins of a Historiographic Mistake, in: Early Science and Medicine 3 (1998), S. 32–65.

Abb. 1: Benennung: Angeblicher Hexenstuhl, Verbrennungsstuhl der Schlüterliese Anna Maria Ziegler, Datierung: 1575, Höhe: 82 cm. Braunschweigisches Landesmuseum, Inventar-Nr. ZG 3905, Foto: Braunschweigisches Landesmuseum, Ingeborg Simon

rigen Analyse kaum mit den Prozessakten verbunden wurde, ist allerdings nicht ohne Grund: Bei dem Stuhl handelt es sich zwar einerseits um ein handfestes materielles Artefakt, andererseits ist dieses Ding, das heute als »angeblicher Hexenstuhl, Verbrennungsstuhl der Schlüterliese Anna Maria Ziegler« besichtigt werden kann, jedoch – wie bereits die widersprüchliche Benennung signalisiert – auf suspekte Weise legendenbefrachtet.[8]

In der neueren Forschung wird zudem die Authentizität entsprechender Museumsobjekte in Zweifel gezogen. Jürgen Scheffler hat bezüglich der sogenannten Stachel-, Befragungs- oder Folterstühle, mit denen landesgeschichtliche Museen heute die Zeit der Hexenverfolgung dokumentieren, darauf hingewiesen, dass es sich bei diesen Artefakten um Nachbauten und Fantasieprodukte des 19. und 20. Jahrhunderts und nicht um authentische Objekte handele: von den Bedenk- und Marterstühlen, die in Rechnungen und Hexenprozessakten des 17. Jahrhunderts erwähnt werden, sei vermutlich keiner erhalten geblieben.[9] Bei genauerer Betrachtung ergeben sich auch für unser Objekt entsprechende Fragen der Provenienz und der Authentizität, da der Stuhl in den genannten Gerichtsakten bislang nicht nachgewiesen werden kann und offenbar nur anhand einer Quelle des späten 18. Jahrhunderts sowie von Quellen des 19. Jahrhunderts bekannt ist. Der Aspekt des Betruges, der lange im Zentrum der Analyse des »Falles Sömmering« stand, schreibt sich auf diese Weise auf der Ebene der Objektkultur gewissermaßen fort: Handelt es sich bei diesem – im Unterschied zu den Folterstühlen fragilen und ästhetisch eher ansprechenden – Artefakt tatsächlich um einen Gegenstand des 16. Jahrhunderts oder stellt er als »Verbrennungsstuhl der Schlüterliese« ein Fantasieprodukt bzw. eine Fälschung – in diesem Fall des 18. Jahrhunderts – dar? Diese Frage soll in diesem Artikel diskutiert werden.[10] Widmen wir uns jedoch zunächst noch einmal den Abläufen, die sich aus den Gerichtsakten des 16. Jahrhunderts aufzeigen lassen.

8 MEIKE BUCK: Angeblicher Hexenstuhl, in: DIES., HANS-JÜRGEN DERDA, HEIKE PÖPPELMANN (Hrsg.): Tatort Geschichte. 120 Jahre Spurensuche im Braunschweigischen Landesmuseum, Braunschweig 2011, S. 120 f.

9 JÜRGEN SCHEFFLER: Der Folterstuhl – Metamorphosen eines Museumsobjektes, in: zeitenblicke 1, 1 (2002), [08.07.2002], URL: http://www.zeitenblicke.historicum.net/2002/01/scheffler/scheffler.html, hier: Absatz 18 [letzter Zugriff 10.01.2019].

10 TARA NUMMEDAL hat derzeit ein Buch in Arbeit, in dem die Authentizität des ›Hexenstuhles‹ ebenfalls diskutiert wird: TARA NUMMEDAL: Anna Zieglerin and the Lion's Blood: Alchemy, Gender, and Apocalypse in Reformation Germany, Philadelphia 2019.

Betrug versus Gelehrsamkeit: Eine Frage des sozialen Status?

Der Aspekt des Betruges bleibt bis in die Gegenwart sperrig für die wissenschafts- und kulturgeschichtliche Untersuchung von alchemischen Praktiken der frühen Neuzeit: Nicht zuletzt erweist sich das Urteil des Betruges als abhängig von der sozialen Herkunft und Zugehörigkeit der Protagonisten, die jeweils eingeschätzt werden sollen. Alchemie stellte im 16. Jahrhundert zwar ein Medium dar, das Personen hoher und niedrigerer sozialer Herkunft zusammenzuführen vermochte. Deren jeweilige alchemische Tätigkeit wurde und wird jedoch abhängig von ihrem sozialen Status unterschiedlich beurteilt: Während das alchemische Tun des gebildeten Adeligen im Kontext seiner Gelehrsamkeit eingeordnet wurde und wird, stand und steht das alchemische Tun der weniger renommierten und begüterten Protagonisten unter einem generellen Vorbehalt des Betruges. Dementsprechend ist auch die in unserer Quelle gängige Formulierung »betrügerische Laboranten« nicht als Tautologie (im Sinne von: Alchemisten / Laboranten sind / waren Betrüger), sondern als eine Negation (im Sinne von: die Bezeichnung Alchemisten / Laboranten ist / war für diese Betrüger nicht zutreffend) zu lesen.[11]

Die Bezeichnung »Alchemist« war in der frühen Neuzeit nicht geschützt, da es für alchemische Theorien und alchemisches Handwerk keine einheitlich geregelte Ausbildung an Universitäten, in Zünften oder Gilden gab. Wie man heute weiß, war Fürstenalchemie in der frühen Neuzeit jedoch eine gängige Praxis. Es gehörte zur erwartbaren Gelehrsamkeit von Fürstinnen und Fürsten, mit den einschlägigen, insbesondere alchemo-medizinischen (chymiatrischen) Theorien vertraut zu sein. Alchemische Schriften waren nicht nur Teil adeliger Lektüre, der Adel war darüber hinaus auf dem Gebiet der Alchemie schriftstellerisch, handwerklich und organisatorisch tätig.[12] Herzog Julius war ein wirtschaftlich denkender Fürst, der sein Territorium im Sinne der guten Ordnung einzurichten unternahm. Er war insbesondere an der metallurgischen Alchemie interessiert, von der er sich eine Ertragssteigerung für seine Salinen und Bergwerke erhoffte, und fertigte selbst technische Geräte an. Seine Aufgeschlossenheit gegenüber diesbezüglichen Angeboten stand ganz im Einklang mit der vernünftigen Risiko- und Inno-

11 Dass der »Alchymist« dabei über dem »Laboranten« stand, vermittelt der Titel folgenden Werkes: DAVID BEUTHER: Der Medicin Doctoris Universal, und Vollkommener Bericht Von der hochberümbten Kunst der Alchymj [...] Sampt beygefügtem Gespräch von Betrug und Irrweg etlicher unerfahrnen Laboranten so sich betrieglich vor Alchymisten dargeben, Frankfurt 1631.

12 Zum Begriff der Fürstenalchemie vgl. PAMELA H. SMITH: Art. »Fürstenalchemie«, in: CLAUS PRIESNER, KARIN FIGALA (Hrsg.): Alchemie. Lexikon einer hermetischen Wissenschaft, München 1998, S. 140 – 143.

vationsbereitschaft eines ökonomisch interessierten Landesherrn der frühen Neuzeit.[13] Die Biographie, die sein Kanzleischreiber Franz Algermann (um 1548–1613) über ihn verfasste, lässt darüber hinaus auf ein spezielleres Interesse des Herzogs schließen: Algermann zufolge wünschte sich Julius aufgrund seiner körperlichen Behinderung Rat. Julius' Füße waren in Folge eines Unfalls von Kindheit an verwachsen, er wurde operativ behandelt und musste im Alter eine Sänfte in Anspruch nehmen, wenn er seine Territorien kontrollieren wollte. Von dem alchemisch in Aussicht gestellten Stein der Weisen habe er sich erhofft, dass dieser »alles Ungesunde wegnehmen« könne.[14] Rhamm wiederum erwähnt, dass Sömmering dem Herzog durch den chymiatrisch versierten und des Kryptocalvinismus verdächtigten Leibarzt Justus Pellitius empfohlen worden sei.[15] Wenngleich Julius' metallurgisches Interesse an Alchemie insgesamt größer gewesen sein dürfte als sein medizinisches, wandten sich neben Transmutationsalchemikern (Goldmachern) jedenfalls auch Chymiater, wie etwa der Braunschweiger Arzt Reimund Weis, an ihn.[16] Julius' Gattin Hedwig von Braunschweig-Lüneburg (1540–1602) wiederum, die den Quellen zufolge als erste Vorbehalte – insbesondere gegen Anna Maria Ziegler – artikulierte, war im weitesten Sinne chymiatrisch tätig: Sie leitete seit ca. 1570 eine fürstliche Hausapotheke, die zum Zweck der Destillation mit einem Laboratorium ausgestattet war, und stellte Medikamente her, die sie an Kranke und Arme »in der nähe und

13 Vgl. HANS-JOACHIM KRASCHEWSKI: Wirtschaftspolitische Grundsätze des Herzogs Julius von Braunschweig-Wolfenbüttel und seiner leitenden Montan- und Finanzbeamten, in: ANGELIKA WESTERMANN, EKKEHARD WESTERMANN (Hrsg.): Wirtschaftslenkende Montanverwaltung – Fürstlicher Unternehmer – Merkantilismus. Zusammenhänge zwischen der Ausbildung einer fachkompetenten Beamtenschaft und der staatlichen Geld- und Wirtschaftspolitik in der Frühen Neuzeit, Husum 2009, S. 195–222.

14 FRANZ ALGERMANN [1598/1608]: Leben, Wandel und tödtlichen Abgang weiland des Durchlauchtigen Hochgeborenen Fürsten und Herrn, Herrn Juliussen [...], in: FRIEDRICH KARL VON STROMBECK (Hrsg.): Leben des Herzogs Julius zu Braunschweig und Lüneburg, mit einem Kupfer und einer Tafel in Steindruck, Helmstedt 1823, S. 1–75, hier: S. 32.

15 RHAMM: Goldmacher (s. Anm. 2), S. 8, 11 und S. 69, Anm. 12. Zu Pellitius' alchemischen und religiösen Interessen vgl. GABRIELE WACKER: Arznei und *Confect*. Medikale Kultur am Wolfenbütteler Hof im 16. und 17. Jahrhundert, Wiesbaden 2013, S. 114–119.

16 Vgl. NLA WO, 1 Alt 9 Nr. 382, fol. 1–9: Schreiben des Herzogs Julius an den Dr. med. et phil. Reimund Weis, derzeit zu Braunschweig, über dessen chemische Experimente, mit einem alchemischen Prozess, von 1573. Transmutationsalchemische Angebote wurden Julius u. a. 1577 von dem jüdischen Alchemiker Aron Goldschmidt (vgl. ebd., 1 Alt 9 Nr. 384) und 1585 von dem kaiserlichen Münzmeister Lazarus Ercker (vgl. ebd., Nr. 394) unterbreitet. Vgl. auch RHAMM: Goldmacher (s. Anm. 2), S. 109, Anm. 140.

ferne« verabreichte.[17] Zu diesem Zweck destillierte sie Maiglöckchenwasser und Aqua Vitae und stellte möglicherweise Aphrodisiaka her.[18] In den 1580er Jahren, als unsere ›betrügerischen Laboranten‹ bereits exekutiert waren, zog sie in einem kleinen Lustgarten vor dem Mühlentor, in der Nähe des Schlosses seltene Pflanzen und Kräuter für den medizinischen Gebrauch.[19] 1585 ließ sie sich Bleiweiß zur Herstellung eines bleichenden Hautpflegemittels liefern.[20] Der gemeinsame Sohn Heinrich Julius (1564–1613), der als zehnjähriger Knabe formal den Vorsitz in dem Prozess gegen die ›betrügerischen Laboranten‹ innehatte, weil sein Vater nicht Kläger und Richter in einer Person sein wollte, war in seinem späteren Leben noch umfassender chymiatrisch tätig: Er ließ sich 1581 für seinen Wohnsitz Schloss Gröningen einen kupfernen Destillierofen anfertigen,[21] womit die Grundausstattung für ein Laboratorium gegeben war. In Wolfenbüttel notierte er in einem umfangreichen Manuskript ab 1596 alchemische medizinische Rezepte, die sich angesichts ihrer metallhaltigen Ingredienzen als paracelsistisch bezeichnen lassen, und verwendete sie zur medizinischen Versorgung seiner Familie sowie des Hofstaates. In Prag, wo er im Jahr 1611 als enger Vertrauter des römisch-deutschen Kaisers Rudolf II. zum Obersten Direktor des Geheimen Rates avancierte, ließ er ein Stadthaus für sich ausbauen, das vier als Laboratorium bezeichnete Räume aufwies.[22] Der renommierte Chymiater Martin Ruland widmete ihm sein *Lexicon Alchemiae*. Als Heinrich Julius 1613 überraschend starb, wurden in der Autopsie pathologisch auffällige

17 Vgl. WACKER: Arznei und *Confekt* (s. Anm. 15), S. 308–327; sowie die Ausführungen in der Leichenpredigt, NICOLAUS SCHENK: Beschluß, in: DERS.: Pietas [...] Uber den Tödtlichen Abgang Der [...] Fürstin unnd Frawen Frawen Hedwigen Gebornen Marggräffin zu Brandenburg Hertzogin zu Braunschweig unnd Lüneburg, Helmstedt 1603, unpaginiert.

18 WACKER: Arznei und *Confekt* (s. Anm. 15), S. 322–325.

19 Vgl. BARBARA UPPENKAMP: Die Scenographien und Gartenentwürfe des Hans Vredeman de Vries und seine Tätigkeit in Wolfenbüttel im Lichte neuer Quellen, in: LUBOMÍR KONEČNÝ, BEKET BUKOVINSKÁ, IVAN MUCHKA (Hrsg.): Rudolf II, Prague and the World. Papers from the International Conference Prague, 2.–4. September 1997, Prag 1998, S. 111–119, hier S. 112.

20 WACKER: Arznei und *Confekt* (s. Anm. 15), S. 317–319.

21 Vgl. ebd., S. 104 f.

22 Zu dem medizinischen Rezeptbuch von Herzog Heinrich Julius, das sich in der Herzog August Bibliothek befindet (Signatur: Cod. Guelf. 242 Helmst.), sowie seinem Prager Laboratorium vgl. PETRA FEUERSTEIN-HERZ: Heinrich Julius und die Alchemie – Spurensuche in Wolfenbüttel und Prag, in: WERNER ARNOLD, BRAGE BEI DER WIEDEN, ULRIKE GLEIXNER (Hrsg.): Herzog Heinrich Julius zu Braunschweig und Lüneburg (1564–1613): Politiker und Gelehrter mit europäischem Profil, Braunschweig 2016, S. 220–233.

Veränderungen an Herz, Lunge und Gallenblase festgestellt.[23] Während in der Forschung ein Giftanschlag in Erwägung gezogen wird,[24] ist ein möglicher Zusammenhang der pathologischen Veränderungen mit alchemischen Arbeiten bislang nicht untersucht worden. Insgesamt lässt sich festhalten, dass »eindringendere Studien zur medizinisch-naturkundlichen Welt« Herzog Heinrich Julius' bislang fehlen.[25] Der Prozess gegen die »betrügerischen Laboranten«, dem er in seiner Kindheit vorstand, hat ihn jedenfalls nicht davon abgehalten, selbst chymiatrisch nach paracelsischen Konzepten im Laboratorium zu arbeiten. Dass er gleichzeitig ein besonders aktiver Verfolger von Hexerei und Zauberei war,[26] stand offenbar nicht in Widerspruch zu seinem eigenen alchemischen Tun: Möglicherweise hatte er als praktizierender Alchemiker sogar ein besonderes Bedürfnis, sein Tun von dem anderer Praktiker abzugrenzen. Hilda Lietzmann zitiert in ihrer Biographie, dass Heinrich Julius in Prag die Anstellung von »Schwarzkünstlern [d.h. Magiern, Anm. d. Verf.] und Teufelsbannern aus Frankreich« nachgesagt wurde und er eines unsittlichen Lebenswandels bezichtigt wurde.[27]

Selbst Fürsten konnten demnach durch ihre alchemische Tätigkeit kompromittiert werden; sie finanzierten diese jedoch in der Regel aus ihren Ressourcen, und sie bestimmte ihre soziale Identität eher am Rande. Die reisenden Alchemiker, die an den europäischen Höfen zu arrivieren versuchten, waren hingegen von den Finanzen ihrer Auftraggeber abhängig und unterlagen im Fall des Vertragsbruches dem Urteil des Betruges. Im Unterschied zu den höfischen Leibärzten, die ebenfalls alchemische Mittel einsetzten, waren die fahrenden Projektemacher und Transmutationsalchemiker zudem in der Regel weniger gelehrt; sie verfügten insbesondere über praktisches Können, das sich etwa im Kontext der Bergwerke erwerben ließ. Philipp Sömmering als ehemaliger lutherischer Pfarrer hatte zwar studiert, wurde jedoch über seine Bergbautätigkeit und sein Angebot der Goldherstellung

23 VÁCLAV BŮŽEK: Heinrich Julius von Braunschweig-Wolfenbüttel am Prager Kaiserhof, in: ARNOLD, BEI DER WIEDEN, GLEIXNER: Herzog Heinrich Julius (s. Anm. 22), S. 42–56, hier S. 55.

24 Vgl. HILDA LIETZMANN: Herzog Heinrich Julius von Braunschweig-Wolfenbüttel (1564–1613): Persönlichkeit und Wirken für Kaiser und Reich, Braunschweig 1993, S. 160, Anm. 180.

25 Vgl. WILHELM KÜHLMANN, JOACHIM TELLE: Khunrath, Konrad an Herzog Heinrich Julius von Braunschweig-Lüneburg, in: DIES. (Hrsg.): Corpus Paracelsisticum. Der Frühparacelsismus, Bd. 3,2, Berlin u.a. 2013, S. 967–983, hier: S. 974.

26 Hexenprozesse waren unter Herzog Julius vergleichsweise selten, unter seinem Sohn Heinrich Julius wurden sie im Herzogtum Braunschweig-Lüneburg dann verstärkt praktiziert, vgl. ALBERT RHAMM: Hexenglaube und Hexenprocesse, vornämlich in den braunschweigischen Landen, Wolfenbüttel 1882, S. 72–78.

27 Vgl. LIETZMANN: Herzog Heinrich Julius (s. Anm. 24), S. 80 und S. 158, Anm. 156.

als Transmutationsalchemiker identifiziert. Er unterschrieb die alchemischen Schriften, die er Herzog Julius verehrte, in ambitionierter humanistischer (oder paracelsistischer) Manier mit »philippus Therocyclus«; in einem Brief an Julius vom 8. Januar 1574 beklagte er sich, dass er in Wolfenbüttel als Zauberer und Schwarzkünstler verunglimpft werde und nahm dies zum Anlass, um für sich, Ziegler und Schombach um den Abschied zu bitten (was, da die versprochenen Ergebnisse ausstanden, nicht gewährt wurde).[28] Sein früherer Patron Herzog Johann Friedrich von Sachsen-Gotha, an den er sich am 18. Dezember 1573 per Brief mit Forderungen wandte, wies ihn mit Schreiben vom 11. Juli 1574 darauf hin, dass er »nur ein Dorfpfarrer und in wenig Würden gewesen« sei und nichts von ihm zu verlangen habe.[29] Anna Maria Ziegler wiederum galt zunächst in erster Linie als Ehefrau und Begleitperson von Heinrich Schombach. Herzogin Hedwig begegnete ihr schon allein deswegen mit Verdacht, weil Ziegler jung und attraktiv war und in den Gemächern des Herzogs angeblich ein und aus ging.[30] Eines der Spottlieder, die anlässlich des Prozesses in Umlauf kamen, unterstellt eine Affäre zwischen Herzog Julius und Ziegler.[31] Ziegler hätte zwar als Person von niederem Adel eine relativ stabile soziale Position in Anspruch nehmen können. Sie war jedoch laut dem Geständnis, das sie nach langem beharrlichen Schweigen unter Folter tätigte – nur um es daraufhin zu widerrufen: »sie hettes alles bekanst aber nit alles gethan solches were von ir aus furcht geredet worden«[32] – u.a. durch einen Kindsmord[33] sowie durch vielfachen Ehebruch kompromittiert. Den Akten zufolge konnte sie zwar zunächst ein Image als Laborantin für sich behaupten. Im Verdachtsfall verunklarte sich ihre Reputation jedoch zu der einer Zauberin oder Hexe. Beide Begriffe wurden synonym verwendet und unterlagen dem Zaubereiverdikt des Alten Testamentes »Eine Hexe sollst Du nicht am Leben lassen« (Ex. 22, 17).[34] Die Position der Alchemistin, die sie für sich in Anspruch zu nehmen gedachte,

28 Vgl. die Zitate in: RHAMM: Goldmacher (s. Anm. 2), S. 39 f.

29 Vgl. ebd., S. 38, 87 f., Anm. 77 (Transkription) sowie S. 21f.

30 Ebd., S. 20–23, 33 (im Widerspruch hierzu steht Anm. 144, S. 109 f.). Dass Herzogin Hedwig der Alchemikergruppe frühzeitig zu misstrauen begann, wird u.a. im dritten Teil der Leichenpredigt für die Herzogin seitens des Superintendenten J. Tornarius berichtet, vgl. JOHANNES TORNARIUS: Eine Leichpredigt [...], Mülhausen 1603.

31 RHAMM: Goldmacher (s. Anm. 2), S. 120, Strophe 88 (Transkription) und S. 123, Anm. 9.

32 NLA WO, 1 Alt 9 Nr. 314, fol. 35^r (Verhör der Anna Maria Ziegler, 16. November 1574).

33 Ziegler musste angeblich im Alter von ca. 14 Jahren den Hof in Dresden verlassen, nachdem sie ihr in einer Vergewaltigung gezeugtes Neugeborenes ertränkt hatte, vgl. ANDERS: 33 Alchemistinnen (s. Anm. 5), S. 147.

34 Rhamm konstatiert für die frühe Neuzeit: »Die Rechtssprache faßt alle Erscheinungen des Hexenwesens zusammen unter dem Begriff der Zauberei«, RHAMM: Hexenglaube (s. Anm. 26), S. 11.

war noch weniger stabil als die des Alchemisten: Es ist zwar unumstritten, dass es in der frühen Neuzeit Alchemie treibende Frauen gab; die Bezeichnung »Alchemistin« war jedoch – im Unterschied zur Giftmischerin oder Hexe – keine gängige soziale Zuschreibung.

»verlogene alchymistische kunststücke«

Am Wolfenbütteler Hof wurde bereits unter Julius' Vater, Herzog Heinrich dem Jüngeren (1489–1568), destilliert.[35] Herzog Julius selbst gab 1569 und 1570 die Herstellung von gläsernen Destillierkolben sowie Probier- und Destillieröfen in Auftrag und stellte in seiner Regierungszeit mindestens vier Destillateure ein,[36] die möglicherweise auch für Sömmering und Ziegler tätig waren. Dass es noch nach dem »Fall Sömmering« auf dem Territorium des Wolfenbütteler Schlosses nicht nur Apothekenräume, sondern u.a. in Nähe zu der in der Kanzlei befindlichen Bibliothek ein Laboratorium gegeben hat, geht aus der »Generalordnung des Herzogs Julius von Braunschweig-Wolfenbüttel, nach welcher Fremde in Wolfenbüttel herumgeführt werden sollen« aus dem Jahr 1578 hervor: Das Laboratorium wird hier als eine der Attraktionen genannt, die man gelehrten Besuchern zeigen solle.[37]

Herzog Julius schloss 1571 mit Sömmering einen Vertrag über die Herstellung einer Tinktur zur Transmutation von Gold sowie über die Ertragssteigerung seiner Bergwerke und ließ ihm zur Deckung der nächsten Ausgaben 2.000 Taler auszahlen.[38] Die Besoldung für einen fürstlichen Leibarzt am Wolfenbütteler Hof betrug zur gleichen Zeit ca. 150 Taler pro Jahr.[39] Sömmering sandte ihm u.a. alchemische Rezepte sowie am 25. August 1573 einen maßgeschneiderten Traktat mit konkreten Anweisungen, welche alchemischen Bücher er in welcher Reihenfolge und zu welchem Zweck lesen solle.[40] Julius war offenbar zunächst zufrieden mit seinem Alchemisten,

35 Vgl. WACKER: Arznei und *Confect* (s. Anm. 15), S. 180.

36 Ebd., S. 179–184.

37 Vgl. Generalordnung des Herzogs Julius von Braunschweig-Wolfenbüttel, nach welcher Fremde in Wolfenbüttel herumgeführt werden sollen, 1578, hrsg. von JULIUS OTTO OPEL, in: Zeitschrift des Harz-Vereins für Geschichte und Altertumskunde, Wernigerode 22 (1889), S. 246 f., URL: http://zs.thulb.uni-jena.de/receive/jportal_jpvolume_00133118 [letzter Zugriff 10.01.2019].

38 So RHAMM: Goldmacher (s. Anm. 2), S. 11, S. 69 f., Anm. 17. Das Vertragsdokument ist nicht erhalten.

39 Vgl. WACKER: Arznei und *Confect* (s. Anm. 15), S. 110.

40 NLA WO, 1 Alt 9 Nr. 306, fol. 73r–85v. Vgl. RHAMM: Goldmacher (s. Anm. 2), S. 26 und S. 79–81, Anm. 53 (Transkription).

er betraute ihn jedenfalls mit Regierungsgeschäften und ernannte ihn zum Kammer-, Berg- und Kirchenrat.[41] Ziegler wiederum war den Akten zufolge nicht minder produktiv: Durch einen seiner Leib- und Kammerdiener ließ sie Julius eine ausführliche Handschrift »die Edele und Tewere Kunst Alchamia belangend[e]« mit transmutatorischen und medizinischen Rezepturen und Reflexionen aushändigen. Ihre Schrift ist lediglich in der zwanzigseitigen Abschrift Julius' vom 19. und 20. April 1573 überliefert.[42] Auf dem Deckblatt wird die Aushändigung der Schrift auf den 1. April 1573 datiert, die Autorin wird als betrügerisch und mittlerweile »executirt« und ihre Rezepte werden als »verlogene alchymistische kunststücke« gekennzeichnet.[43] Zieglers Schrift handelt von der Herstellung eines Öles namens Löwenblut, das sich medizinisch verwenden und aus dem sich der philosophische Stein destillieren lassen sollte. Ihre alchemischen Kenntnisse leitet sie gleich eingangs von einem Grafen Carl von Öttingen her, der die entsprechenden Handgriffe im Haus ihrer Mutter praktiziert und vor ihren Augen aus Blei Gold gemacht habe. In ihrer Schrift rät sie dem, der ein gesundes Kind zeugen wolle, dreimal täglich drei Tage lang je neun Tropfen Löwenblut einzunehmen, seiner Frau bis zur Schwangerschaft dieselbe Menge und der Schwangeren täglich drei Tropfen zu verabreichen; die Geburt erfolge dann bereits nach sechs Wochen und das Kind könne zwölf Jahre lang ohne Essen und Trinken aufgezogen werden; ihm sollten lediglich abends, morgens und mittags je drei Tropfen Löwenblut verabreicht werden.[44] Am 3. September 1573 sandte Ziegler dem Herzog den Stein der Weisen, wobei leider nur das Begleitschreiben und nicht das Produkt selbst in den Gerichtsakten erhalten ist: »Eure Fürstlichen Gnaden schick' ich dies kleine Bröckchen; das große Steinlein habe ich wieder in den vinum gesetzt, damit es die Luft nicht gar solvire, denn sobald es die Luft rühret, so wird es flüchtig.«[45] Julius erhielt von ihr demnach den weißen Stein der Weisen, mit dem sich Metalle in Silber transmutieren ließen. Die Herstellung des roten Steines, mit dem sich Gold produzieren ließ, sollte unmittelbar in Aussicht stehen.

41 Vgl. ebd., S. 17–19.

42 Vgl. NLA WO, 1 Alt 9 Nr. 306, fol. 42r–69v. Herzog Julius schrieb nicht nur Rezepte von Ziegler, sondern auch von Sömmering ab, möglicherweise, um sie sich besser einzuprägen. So findet sich in den Akten ein Rezept gegen Hühneraugen sowohl im Original Sömmerings wie in der Abschrift Julius', vgl. ebd., fol. 82v und 83v–84r; vgl. die Zitate in: RHAMM (s. Anm. 2), S. 17.

43 NLA WO, 1 Alt 9 Nr. 306, fol. 42r. Zum Inhalt der Schrift vgl. auch die Zitate in: RHAMM: Goldmacher (s. Anm. 2), S. 81f., Anm. 54 sowie die Zitate (in englischer Übersetzung), in: NUMMEDAL: Alchemical Reproduction (s. Anm. 3).

44 NLA WO, 1 Alt 9 Nr. 306, fol. 64–65.

45 Vgl. ebd., Nr. 307, fol. 72r (Brief von Anna Maria Ziegler an Herzog Julius vom 3. September 1573); vgl. RHAMM: Goldmacher (s. Anm. 2), S. 82 f., Anm. 57 (Transkription).

In den Akten finden sich weitere Ausführungen zu dem Grafen Carl von Öttingen, der Ziegler zufolge ein illegitimer Sohn des Paracelsus war.[46] Der Graf wolle sie heiraten und mit ihr ein neues Menschengeschlecht zeugen; Heinrich Schombach, mit dem sie gegen ihren Willen verheiratet worden sei, solle im Gegenzug Carls Schwester sowie Gold erhalten. Die Ankunft des Grafen in Wolfenbüttel stand Ziegler zufolge unmittelbar bevor.[47] Bevor es im Juni 1574, insbesondere auf Initiative von Herzogin Hedwig, zum Prozess kam, war der Herzog so weitgehend von der Kunstfigur des Grafen überzeugt, dass er diesem Briefe schrieb und darauf zählte, ihn nach der Niederkunft seiner Gattin mit ihrem dritten Sohn, Joachim Karl am 23. April 1573, zum Taufpaten machen zu können.[48] Schombach erläuterte noch 1574–75 vor Gericht die Vita Zieglers unter Bezugnahme auf den Grafen.[49] Die Nachforschungen abtrünniger Komplizen sowie die des Gerichtes erwiesen jedoch, dass es unter den Grafen von Öttingen rund um die Reichsstadt Nördlingen keinen Carl gab. Die Briefe, die Ziegler von einem solchen erhalten haben wollte, waren von ihr selbst verfasst und von Gefolgsleuten niedergeschrieben; zur Zeit des Prozesses hatte sie die fingierten Briefe bereits vernichtet.[50] Die fiktive Figur des Grafen und ihre phantastische Ausgestaltung erinnern dabei an das (pseudo-)paracelsische Motiv des Elias Artista, das Ziegler und Sömmering vermutlich vertraut war: Im Paracelsismus war seit den 1560er Jahren die eschatologische Figur der Ankunft eines Propheten einschlägig, der, anders als der biblische Elias, über empirisch-handwerkliches Wissen im Sinne der Kunst der Alchemie verfügen sollte;[51] vereinzelt gaben sich Alchemiker in Städten des Reiches sogar als Elias Artista aus. Ziegler hatte mit der Figur des Grafen ihren eigenen Elias-Plot kreiert und diesen auf konkretistische Weise mit ihrem eigenen Schicksal verwoben.

46 Vgl. NLA WO, 1 Alt 9 Nr. 307, fol. 77r–78r (Brief von Anna Maria Ziegler an Herzog Julius vom 21. März 1573).

47 Ebd., Nr. 314, fol. 2–3, 14 (Verhör der Anna Maria Ziegler, 8. Juli 1574); ebd., Nr. 308, fol. 63–64 (Gütliche Aussage des Philipp Sömmering).

48 Vgl. RHAMM: Goldmacher (s. Anm. 2), S. 25 und S. 78 f., Anm. 49–50; NUMMEDAL: Alchemical Reproduction (s. Anm. 3), S. 62 und S. 68, Anm. 39.

49 Vgl. NLA WO, 1 Alt 9 Nr. 314.

50 NUMMEDAL: Anna Zieglerin's Alchemical Revelations (s. Anm. 6), S. 133, Anm. 33. Zur Zeit des Falles Sömmering existierte zwar ein Graf Gottfried von Oettingen (1554–1622), der sich für Alchemie interessierte, so KÜHLMANN, TELLE: Corpus Paracelsisticum (s. Anm. 25), Bd. 2,2, S. 533. Es gab aber offenbar keinen Karl oder Carl von Oettingen bzw. Öttingen.

51 MICHAEL LORBER: Alchemie, Elias artista und die Machbarkeit von Wissen in der Frühen Neuzeit, in: THORSTEN BURKHARD u. a. (Hrsg.): Natur – Religion – Medien. Transformationen frühneuzeitlichen Wissens, Berlin 2013, S. 87–113.

Anna Maria Ziegler als Paracelsistin

Sömmering und Ziegler arbeiteten im Laboratorium mit Materialien, die eigens für sie angeschafft, aus der Hofapotheke geliefert und während der alchemischen Prozeduren verbraucht wurden.[52] Ihre Experimente sollen die herzogliche Kasse mit ca. 100.000 Talern belastet haben.[53] Neben ihrer aufwändigen Praxis rezipierten und verfassten sie alchemische Schriften und arbeiteten sich in den Paracelsismus ein, der im höfischen Kontext seit den 1560er Jahren als attraktiv galt. Während Sömmering den Herzog kraft seiner Belesenheit als ehemaliger Pfarrer in Hinblick auf alchemische Lektüre und Buchankäufe[54] beriet und sich vor Gericht auf den Paracelsus-Editor Adam von Bodenstein berief,[55] erfand Ziegler die Figur »Graf von Öttingen« als Legitimationsfigur für ihr alchemisches Wissen. Mit ihrem Löwenblut-Rezept imitierte sie zudem bereits im April 1573 das bis heute gut bekannte (pseudo-)paracelsische Homunculus-Rezept, das 1572 erstmals im Druck erschienen war.[56] Theophrastus Bombastus von Hohenheim, genannt Paracelsus (1493/4 – 1541), der als vermeintlicher Vater des Grafen von Öttingen als Gewährsmann für die Zieglerische Alchemie herhalten musste, war dabei selbst kein typischer Gelehrter gewesen. Er hatte zeit seines Lebens keinen stabilen, sondern – unseren »betrügerischen Laboranten« nicht unähnlich – einen hybriden sozialen Status inne, was u. a. der unehelichen adeligen Herkunft seines Vaters und der Leibeigenschaft seiner Mutter geschuldet war. Paracelsus galt zudem als Hermaphrodit (was durch rezente Forschungen bestätigt wird).[57]

Während das (pseudo-)paracelsische Homunculus-Rezept bekanntlich die Gebärmutter durch einen alchemischen Kolben und die Entwicklung des Kindes im Mutterleib durch Putrefaction (Fäulnis) zu ersetzen trachtete, bei den alchemischen Ingredienzen vorwiegend auf als männlich qualifizierte Substanzen (männliches Sperma) zurückgriff und die erstrebten alchemischen Produkte (Homunculi) ebenfalls als männlich qualifizierte, betonte Ziegler in ihrer Version, dass sie kraft ihrer eigenen ungewöhnlichen

52 Vgl. die Buchführung zu den verbrauchten Materialien (darunter pflanzliche Stoffe wie Ingwer, aber auch metallische Stoffe wie Antimon): NLA WO, 1 Alt 9 Nr. 307, fol. 159 – 166.

53 Vgl. RHAMM: Goldmacher (s. Anm. 2), S. 62, S. 105 f., Anm. 130.

54 Vgl. ebd., S. 24 f., S. 77 f., Anm. 47 – 48, S. 26, Anm. 52.

55 Ebd., S. 57.

56 Vgl. ADAM VON BODENSTEIN (Hrsg.): Metamorphosis Theophrasti Paracelsi Dessen werck seinen meister loben wirt, Basel 1574, Bl. avii^{v} – b^{r}.

57 Zu Paracelsus vgl. UTE FRIETSCH: Häresie und Wissenschaft. Eine Genealogie der paracelsischen Alchemie, München 2013.

Geburt, kraft ihres Körpers, der durch keine Menstruation verunreinigt sei, und kraft des alchemischen Wissens ihres künftigen Ehemannes, des Paracelsus-Sohnes Graf Carl von Öttingen, dazu bestimmt sei, ein ausschließlich weibliches Menschengeschlecht zu erschaffen, das in dem Sinne rein sei, dass es nicht länger eine Monatsblutung aufweise.[58]

Sowohl das (pseudo-)paracelsische wie das Zieglersche Rezept können als freie Variationen der hippokratischen Konzeption von Fortpflanzung betrachtet werden, die in der frühen Neuzeit mit der aristotelisch-galenischen Konzeption konkurrierte.[59] Der hippokratischen Theorie zufolge waren für die Zeugung und das Gebären eines Kindes männliches oder weibliches Sperma, weibliches Blut, die Gebärmutter und die Imagination der Mutter entscheidend. Zur Zeit der Abfassung des Homunculus-Rezeptes gab es keine Mikroskope; Follikel und Eizellen waren nicht bekannt. Die im Rahmen von Sektionen wahrgenommenen Eierstöcke interpretierte man als weibliche Hoden. Das Homunculus-Rezept, so abstrus es uns heute sowohl in seiner (pseudo-)paracelsischen wie in seiner Zieglerschen Fassung erscheinen mag, arbeitete demnach mit den Theorien, die zu seiner Zeit etabliert waren. Typisch alchemisch war dabei, dass es diese Theorien ausprobierte: Es sagte nicht, wie eine natürliche Zeugung funktionierte, sondern versuchte, diese zu imitieren und zu manipulieren. Der natürliche Ablauf der Reproduktion sollte künstlich durchbrochen und verbessert werden. Aus dem Textzusammenhang wird deutlich, dass man sich davon u.a. versprach, dessen Risiken zu umgehen: In der (pseudo-)paracelsischen Version sollten die Imagination der Mutter und die Geburt aus der Gebärmutter als Gefahrenquellen ausgeschaltet werden. Darüber hinaus wurde empfohlen, ausschließlich männliches Sperma zu verwenden, um nur männliche Homunculi zu erzeugen. Die paracelsischen Homunculi wurden zudem auf widersprüchliche Weise als »Wunderleute« sowie »Instrumente« qualifiziert, welche dem Alchemiker dienen sollten.[60]

58 Vgl. NLA WO, 1 Alt 9 Nr. 306, fol. 42r–69v. Zu Zieglers ungewöhnlicher Geburt und ausbleibender Menstruation vgl. ebd., Nr. 314, fol. 25v, 73v–74v (Heinrich Schombachs Urgicht vom 5. Juli 1574) und ebd., Nr. 308, fol. 61, 65 (Aussagen des Philipp Sömmering vom 9. Juli 1574); vgl. RHAMM: Goldmacher (s. Anm. 2), S. 14 f.

59 Zur Auffassung der Fortpflanzung vom 15. bis 18. Jahrhundert vgl. ILSE JAHN, ROLF LÖTHER, KONRAD SENGLAUB (Hrsg.): Geschichte der Biologie. Theorien, Methoden, Institutionen und Kurzbiographien, Jena 1985, S. 162–223; zu Paracelsus' diesbezüglichen Konzeptionen vgl. AMY EISEN CISLO: Paracelsus's Theory of Embodiment. Conception and Gestation in Early Modern Europe, London 2010.

60 Dieses Motiv des Werkzeuges, Instrumentes oder Dieners führt ideengeschichtlich auf eine Figur, die als Vorläufer des Homunculus wahrscheinlich ist: das kabbalistische Motiv des Golem, vgl. GERSHOM SCHOLEM: Die Vorstellung vom Golem in ihren

Ziegler stützte sich auf dieses Rezept, schrieb den Plot jedoch in ihrem Sinne um. Als Alchemikerin lag ihr nicht daran, die Gebärmutter durch den Kolben zu ersetzen und einen rein männlichen Nachwuchs hervorzubringen: nicht zu menstruieren, das Kind nicht stillen zu müssen und ein weibliches Menschengeschlecht hervorzubringen, erschien ihr offensichtlich als attraktiver.

Giftmischerei: Zauberei oder Alchemie?

Im Sommer 1574 wurden 13 Personen angeklagt: Sömmering, Ziegler und einige Helfer, unter ihnen der Goldschmied und Maler Franz Brunn, der allerdings mit dem Leben davonkam und im Jahr 1585 als Meister in das Straßburger Goldschmiedehandwerk aufgenommen wurde.[61] Die Gruppe wurde u.a. des Mordes an einem Lakaien, des Giftmordes an einem Braunschweiger Ratsschreiber, des Giftmordes an Sömmerings Ehefrau, des versuchten Giftmordes an Herzogin Hedwig im März 1574, des Betruges im Sinne des Vertragsbruches sowie des unerlaubten Nachmachens von Schlüsseln zu den herzoglichen Gemächern und der politischen Konspiration bezichtigt. Mit Schreiben vom 17. Juni 1574 stellte Kurfürst Johann Georg von Brandenburg seinen Scharfrichter für die peinlichen Befragungen (die Folter) zur Verfügung.[62]

Die Anklage bezog sich nicht ausschließlich und nicht in erster Linie auf Alchemie, sondern zunächst auf die kriminellen Handlungen, mit denen die Gruppe ihre Erfolglosigkeit auf dem Gebiet der Goldherstellung zu vertuschen trachtete und (angeblich) Mitwisser sowie Gegner aus dem Weg räumte. Insofern die Qualität ihrer laborantischen Arbeit beurteilt werden sollte, begab sich das Hofgericht allerdings auf terminologisches Glatteis: So ist in den Akten des Öfteren von »Cabala«[63] und Zauberei die Rede, wobei Zauberei u.a. mit Bezug auf den magischen paracelsischen Um-

tellurischen und magischen Beziehungen, in: DERS.: Zur Kabbala und ihrer Symbolik, Frankfurt a.M. 1973, S. 209–259.

61 Seine Aussage vom 20.11.1575 ist transkribiert in: FRIEDRICH THÖNE: Wolfenbüttel. Geist und Glanz einer alten Residenz, München 1963, S. 258 f.

62 RHAMM: Goldmacher (s. Anm. 2), S. 46, S. 90, Anm. 92 (Transkription).

63 Der Begriff »Cabala« wird des Öfteren als Marginalie auf der linken Blatthälfte, im Sinne einer Verschlagwortung oder Überschrift zu den Ausführungen auf der rechten Blatthälfte, verwendet, vgl. NLA WO, 1 Alt 9 Nr. 314, fol. 75–76 (u.a. zur »Cabala des Graffen«).

gang mit Schlangen erläutert wird.[64] In der Anklage gegen Ziegler wählte man schließlich »Zauberey«, um ihre Tätigkeit als Giftmischerin auf den Begriff zu bringen.[65] Gegen Ende des 16. Jahrhunderts waren Magie, Zauberei und christliche Kabbala jedoch feste Bestandteile des Paracelsismus, der die Wolfenbütteler Herzöge – im Unterschied etwa zu einem Interpreten des 19. Jahrhunderts wie Albert Rhamm, der den Paracelsismus gleichermaßen als Betrug verurteilte – lebhaft interessierte; sowohl Herzog Julius wie seine Leibärzte standen chymiatrischen paracelsistischen Präparaten aufgeschlossen gegenüber und Julius erwarb die entsprechende Literatur für seine Bibliothek.[66] Der Begriff der Zauberei erscheint daher als unterbestimmt, insofern es darum ging, die Taten Zieglers auf distinkte Weise zu inkriminieren und von einem legitimen alchemischen Tun – etwa dem Tun der herzoglichen Familie – abzugrenzen. Es war diese Problematik, die Magie- und Alchemie-affine Gelehrte wie Agrippa von Nettesheim im 16. Jahrhundert dazu führte, zwischen einer angeblich guten oder weißen und einer angeblich schädlichen oder schwarzen Magie zu unterscheiden, um die eigene Magie (als gute oder weiße) dann möglichst ungestört praktizieren zu können. Diese Unterscheidung musste im Rahmen des Prozesses jedoch nicht bemüht werden, da der Kläger Herzog Julius hier seinerseits nicht als Alchemist in Erscheinung trat. Der Prozess gegen Ziegler dokumentiert vielmehr, dass sich die Unterscheidung in ihrem Fall in die implizite Unterscheidung von (legitimer) Alchemie und (illegitimer) Hexerei transformierte. Das Gericht konnte für das Prozedere dabei insofern Rechtssicherheit in Anspruch nehmen, als die Aussagen den Angeklagten in schriftlicher Form nochmals vorgelegt, von diesen zum Teil bestätigt und zur Urteilsfindung am 18. Dezember 1574 ordnungsgemäß an die Schöffenstühle zu Magdeburg, Brandenburg und Wittenberg versandt worden waren; Heinrich Julius erwähnte am Gerichtstag zudem die vorgesehene Gründung der Universität Helmstedt, die im Oktober 1576 unter seinem Rektorat erfolgte.[67] Interessanterweise verbieten die Statuten der Universität Helmstedt von 1576, an welchen seit 1574 – also gewissermaßen begleitend zum Prozess – gearbeitet worden war und die auch Angaben zur Überwachung des Medikamentenmarktes enthalten, die Lehre der paracelsischen Medizin; dies ging vermutlich auf den Einfluss des von Melanchthon geprägten Rostocker

64 Vgl. ebd., Nr. 312, fol. 11^{r} und ^{v}; vgl. RHAMM: Goldmacher (s. Anm. 2), S. 15–17, S. 72, Anm. 24 und 25.

65 NLA WO, 1 Alt 9 Nr. 311, fol. 24^{r} und ^{v}.

66 Vgl. auch WACKER: Arznei und *Confect* (s. Anm. 15), S. 114–119, 187, 203.

67 Vgl. RHAMM: Goldmacher (s. Anm. 2), S. 53–58, S. 99 f., Anm. 115 (Transkription).

Theologen David Chyträus zurück; Julius hat die Vorgabe jedoch zumindest gebilligt.[68]

Die Urteile sind in den Akten nicht erhalten, und scheinen verloren zu sein; aus den Akten gehen jedoch die Schöffensprüche und insofern die vorgeschlagenen Strafen und möglichen Begründungen hervor. Ziegler wurde demnach insbesondere für die (angeblichen) Giftmorde an Sömmerings Frau sowie an dem Braunschweiger Ratsschreiber und für den versuchten Giftmord an Herzogin Hedwig, mit dessen vergeblicher Ausführung angeblich ihr Assistent betraut worden war, zur Rechenschaft gezogen.[69] Am 14. Juli 1574 hatte sie zudem einen Liebeszauber zu Protokoll gegeben: Mit »geschlungenem Muskat, Hirschbrunst, dem Kreuz vom Hecht und schwarzem Kümmel, der Niere vom Hasen, der Natur vom Manne (semen virile)«, das Ganze in einer Eierschale auf Asche gesetzt, in einer Retorte erhitzt und schließlich mit Rosen- und Lavendelwasser angestrichen, habe sie Herzog Julius verführen wollen.[70]

Die Hinrichtung als Spiegel des Verbrechens

Am 7. Februar 1575 kam es zur öffentlichen Hinrichtung von sechs der angeklagten Personen: Sie wurden auf der Richtstätte vor dem Mühlentor, unweit der heutigen Herzog August Bibliothek exekutiert; weitere Personen wurden über den Gerichtstag hinaus verfolgt und später zur Rechenschaft gezogen. Das Brandenburger Schöffengericht listet Zieglers Vergehen und die jeweils als adäquat betrachteten Strafen in zwölf Punkten auf, die im Folgenden zunächst summarisch nach Rhamm zitiert sind: »Wissentlicher Betrug der Alchemie und daß sie bekannt, daß auch Philippen Proceß unbeständig, und daß sie gewußt, daß sie doch Gottes Segen in ihrem gottlosen Leben dabei nit hoffen könne: Staupen [d.h. Schlagen am Pranger, Anm. d. Verf.] und Landesverweisung [...] An Grafen von Öttingen falsche Briefe und Siegel: Schwert [...] philtra [d.h. Liebestrank, Anm. d. Verf.] durch Krebssuppen, Spieskuchen etc.: Staupen und Landesverweisung [...]

68 Vgl. PETER BAUMGART, ERNST PITZ (Bearb.): Die Statuten der Universität Helmstedt, Göttingen 1963, S. 15, 22 f., 37–39, 47, 106–118, bes. S. 108 mit Anm. 86; zur Diskussion von Zauberei und Hexerei in Helmstedt (ohne Bezug auf den »Fall Sömmering«) vgl. CLAUDIA KAUERTZ: Wissenschaft und Hexenglaube. Die Diskussion des Zauber- und Hexenwesens an der Universität Helmstedt (1576–1626), Bielefeld 2001.

69 Vgl. RHAMM: Goldmacher (s. Anm. 2), S. 41–43, S. 88 f., Anm. 82–86. Sömmering hatte angeblich die Verwendung von Arsenik erwogen, ohne dieses jedoch einzusetzen, vgl. ebd., Anm. 83.

70 Vgl. ebd., S. 26 f., S. 82, Anm. 56.

Gift beigebracht: Feuer [...] Kindermord und unterschiedlicher Ehebruch: Staupen und Landesverweisung. Gesammt: Umführung an die Gerichtsstätte, sechs Zangengriffe und Feuer.«[71] Das Gesamturteil lautet in der Quelle: »Annen Marien mishandlungen zusamenstellen [:] vor der endlichin tödtung mit vberfurung jn die gerichsstätte sechs zangen griffen vnd dem fewer gestrafft werden.«[72] Das deutsche Strafgesetzbuch von 1532, die Constitutio Criminalis Carolina, sah in Artikel 109 das Verbrennen auf dem Scheiterhaufen als Strafe für schweren Schadenzauber wie etwa den Giftmord vor. Verbrennen war eine typische Todesstrafe für ›Hexen‹ sowie für (etwa der Ausübung der Magie bezichtigte) ›Ketzer‹. Bei dem Abreißen des Fleisches von den Knochen mittels glühender Zangen handelte es sich um eine strafverschärfende Maßnahme.

Richard van Dülmen weist in seiner Untersuchung zu Gerichtspraxis und Strafritualen der frühen Neuzeit darauf hin, dass sich in Strafen und Hinrichtungsritualen das dem Malefikanten vorgeworfene Verbrechen gespiegelt habe. Es sei dabei zu höchst komplexen Verbindungen gekommen, die für das Selbstverständnis der vormodernen Gesellschaft beziehungsreich, aber nicht leicht zu erschließen seien.[73] Die jeweiligen Hinrichtungsweisen lassen sich vor diesem Hintergrund als absichtsreich und kreativ betrachten; sie weisen eine symbolische Ebene auf, die zugleich erklärt, warum spätere Generationen dazu neigen, diese Prozesse bei all ihrer Grausamkeit gleichsam in der Fantasie fortzusetzen und auszugestalten.

Rhamm erwähnt den eisernen Stuhl, auf dem Anna Maria Ziegler angeblich verbrannt wurde, an drei Stellen seiner Untersuchung; dies jedoch ohne Belegstellen in den Prozessakten anzuführen.[74] Wie sich in den Gerichtsakten kein eiserner Verbrennungsstuhl findet, so findet sich ein solcher auch nicht in der *Braunschweigische[n] vnd Lunebürgische[n] Chronica* von Heinrich Bünting, die 1584 erschien. Hier heißt es lediglich, Ziegler sei »als eine zeuberin verbrand« worden.[75] Die Fixierung von ›Hexen‹ am Scheiterhaufen er-

71 Ebd., S. 58, S. 100, Anm. 118 (Transkription).

72 NLA WO, 1 Alt 9 Nr. 311, fol. 23^v und 24^r, hier fol. 24^r. Für Unterstützung bei der Transkription danke ich Frau PD Dr. Britta-Juliane Kruse und Frau Dr. Gabriele Ball (beide HAB Wolfenbüttel).

73 RICHARD VAN DÜLMEN: Theater des Schreckens. Gerichtspraxis und Strafrituale in der frühen Neuzeit, München 1985, S. 109.

74 RHAMM: Goldmacher (s. Anm. 2), S. 58, 67, S. 109, Anm. 143.

75 HEINRICH BÜNTING: Braunschweigische vnd Lunebürgische Chronica [...], Magdeburg 1584. Bd. 1, fol. 150^r, URL: http://digitale.bibliothek.uni-halle.de/vd16/content/pageview/7908170 [letzter Zugriff 10.01.2019]. Für den Hinweis auf diese Schrift danke ich Dr. Tara Nummedal.

folgte in der frühen Neuzeit u.a. an Pfählen.[76] Dass es in der frühen Neuzeit allerdings durchaus zur Verbrennung von ›Hexen‹ auf Stühlen kam, dokumentiert ein Flugblatt aus dem Jahr 1600, das die Hinrichtung der Familie Gämperl[e] (genannt die Pappenheimer) in einem Zauberei-Prozess dokumentiert. Diesem Flugblatt zufolge wurde Anna Gämperlerin am 29. Juli 1600 in München auf einem Scheiterhaufen »in einen Sessel gesetzt/ unnd [...] verbrandt«. Auf der Bilderfolge des Flugblattes ist Anna Gämperlerin zunächst auf einem einfachen Stuhl und schließlich auf einem Sessel in den Flammen zu sehen.[77]

Für die insgesamt eher seltenen Hinrichtungen von Alchemikern in der frühen Neuzeit, die allerdings noch nicht systematisch untersucht sind, gilt als typisch, dass sie am – etwa mit Goldflitter verzierten – Galgen erfolgten.[78] Auch Sömmering blieb ein entsprechend einschlägiger Tod allerdings versagt: Ihm wurde laut den erhaltenen Quellen zunächst mit glühenden Zangen Fleisch von den Knochen gerissen, woraufhin er gevierteilt wurde; seine Körperteile wurden vermutlich an vier öffentlichen Wegscheiden zur Schau gestellt.[79] Alle genannten Hinrichtungsweisen vermittelten (im Unterschied etwa zum Tod durch das Schwert) die Unehrenhaftigkeit der bestraften und exponierten Personen, wobei das Hängen eine vergleichsweise milde Strafe war.

Der schmiedeeiserne Stuhl

Bislang ist ungeklärt, ob Anna Maria Ziegler auf einem eisernen Stuhl verbrannt wurde. Eine solche spektakuläre Verbrennung sollte in den Quellen des 16. Jahrhunderts vermerkt und aus der direkten Überlieferung bekannt sein. Um was für ein Objekt handelt es sich also bei dem »angeblichen Hexenstuhl« und »Verbrennungsstuhl der Schlüterliese«, der heute im Braun-

76 So etwa bei den Hexenverfolgungen unter Herzog August, vgl. KLAUS NIPPERT: Die Hexenprozesse Herzog Augusts d. J. von Braunschweig und Lüneburg in Hitzacker (1610 – ca. 1623), in: Niedersächsisches Jahrbuch für Landesgeschichte, Neue Folge 79 (2007), S. 223 – 256.

77 HUBERT GLASER (Hrsg.): Um Glauben und Reich. Kurfürst Maximilian I. Katalog der Ausstellung in der Residenz in München. Wittelsbach und Bayern, Band 2,2, München 1980, S. 289 – 291. Für den Hinweis auf dieses Flugblatt danke ich Dr. Michael Wenzel (HAB Wolfenbüttel).

78 Vgl. KARIN FIGALA: Art. »Goldmacherei«, in: PRIESNER, FIGALA: Alchemie (s. Anm. 12), S. 161 – 165; DIES.: Art. »Alchemiekritik«, ebd., S. 36 – 39; DIES.: Art. »Alchemieverbot(e)«, ebd., S. 39 f.

79 Vgl. BÜNTING: Chronica (s. Anm. 75), fol. 150r; RHAMM: Goldmacher (s. Anm. 2), S. 92 – 98, Anm. 109, S. 100 – 101, Anm. 118.

schweigischen Landesmuseum besichtigt werden kann (siehe Abb. 1)? Ich beschreibe zunächst das Artefakt, und diskutiere dann abschließend die mögliche Objektbiographie:

Der Stuhl ist ein 82 cm hoher, handwerklich gefertigter schmiedeeiserner Drehstuhl mit einer (vermutlich verbliebenen) Rolle. Die Sitzplatte ist mit einem drehbaren Zapfen vernietet, der unten mit der Fußplatte verschraubt ist. Die drehbare Sitzfläche weist Einbuchtungen für die Beine auf, die ein bequemes Sitzen ermöglichten. Wie an kleinen Bohrlöchern zu erkennen ist, war die Sitzplatte gepolstert. An ihrer Unterseite sind Ösen (als Tragevorrichtung) angebracht. Der Zapfen ist etwas exzentrisch zur Fußplatte, was die Fläche zur Ablage der Füße vergrößerte; an der Unterseite der Fußplatte sind – vermutlich im 19. Jahrhundert – Winkel befestigt worden, die den Verlust der Rollen ausgleichen; da sie weniger hoch sind als die angebrachte Rolle, steht der Stuhl heute schief. Der Stuhl lässt sich unten an der Fußplatte leicht auseinanderschrauben, was seine Mobilität erhöht. Die gebogene Rückenlehne und die Fußplatte sind durchbrochen gearbeitet. Rückenlehne, Zapfen und Fußplatte sind mit wohlgeformten, floral anmutenden Zierelementen versehen. Die Beschlagwerkform an der Lehne ist gesteckt. Mittels der Aussparungen von Metall im Rücken- und Fußbereich sowie der dünnen Sitzplatte ist ein relativ leichtes Gewicht realisiert. Der Stuhl ist hochwertig gearbeitet, was für einen hohen sozialen Status seines ›Besitzers‹ spricht.[80] Weiße Ausblühungen bezeugen laut Museumskatalog, dass der Stuhl im Feuer gestanden hat. Laut mündlicher Auskunft des Metallrestaurators kann es sich bei diesen Spuren, die sich am ganzen Stuhl finden, jedoch auch um eine Wirkung von Phosphat als Korrosionsschutzmittel handeln. Der Stuhl ist nachträglich ausgebessert: Insbesondere die Fußplatte, aber auch der gebogene Abschluss der Rückenlehne weisen nachträgliche Einfügungen von Metall auf. Die Fußplatte wurde nachträglich partiell mit einer schwarzen Lackierung versehen. Sie dürfte demnach entweder durch Einfluss der Witterung stark durchgerostet oder durch Einfluss von Feuer durchgebrannt gewesen sein. Die Schraube wurde ebenfalls ersetzt. Die Herstellungsweise und die Form der Nieten sprechen für eine Herstellung in der Zeit des 16. bis 18. Jahrhunderts.[81] Stilistisch ist der Stuhl

80 Die aufwändige Herstellungsweise und hohe Wertschätzung schmiedeeiserner Stühle in der Vormoderne betont auch GEORG HIMMELHEBER: Möbel aus Eisen: Geschichte, Formen, Techniken, München 1996.

81 Die Beschreibung im oberen Absatz verdankt sich einer eingehenden Autopsie: Der Stuhl wurde auf meinen Wunsch am 11.01.2018 von Herrn Olaf Wilde, dem Metallrestaurator des Braunschweigischen Landesmuseums, auseinandergeschraubt. Ich habe ihn daraufhin im gemeinsamen Gespräch mit Herrn Wilde und Frau Dr. Angela Klein, wissenschaftliche Mitarbeiterin im Braunschweigischen Landesmuseum, analysiert.

aufgrund der Beschlagwerkformen insbesondere der Lehne sehr gut in die zweite Hälfte des 16. Jahrhunderts zu datieren.[82] Metall lässt sich dabei historisch nicht genau datieren.

Bemerkenswerterweise lassen sich vergleichbare Stühle im Besitz des Herzogs identifizieren: Am 3. Mai 1589 wurde anlässlich des Todes von Herzog Julius ein Inventar der Ausstattung des Burgundischen Saales und des Burgundischen Tanzsaales sowie des Altans im Nordostflügel des Schlosses Wolfenbüttel erstellt.[83] Bei den beiden Sälen handelte es sich um die repräsentativsten Räume des Schlosses. Der ihnen vorgelagerte Altan war eine Art Wintergarten, der wohl zum Teil geöffnet war oder ein mobiles Dach aufwies; hier verbrachte Herzog Julius viel Zeit. Das Inventar, das von Barbara Uppenkamp transkribiert und akribisch analysiert wurde, listet u.a. folgende Gegenstände auf: im Burgundischen Saal »2 probir ofen von Gips«, in denen der Herzog vermutlich alchemische Arbeiten durchführte, »1 Meßings geetzte Kleider kast uf meßings Rollen«, einen »eisern Lehnstul mit einem Kuß [Kissen] von Techsfell [Dachsfell]«, »1 drehestul mit leder uberzogen«, im Burgundischen Tanzsaal beim zweiten Fenster der Hofseite »1 Eißern durchbrochener mit gewandt uberzogener lehenstul«, sowie weiter »1 Eisern stuhl mit braunem leder uberzog«, im Erker vor dem Altan u.a. »2 holzerne stül so man Zusammenschlagen kann«; sowie etliche Gegenstände aus Blei.[84]

Das Inventar dokumentiert, dass Herzog Julius eiserne Stühle sowie weitere metallene Gegenstände, darunter Blei in einer großen Variationsbreite in Gebrauch hatte und dass diese Objekte insgesamt in den Produktionskontexten der Alchemie und des Bergbaus (als Quellen des Wohlstands) zu verorten sind. Bei der detaillierten Schilderung fällt allerdings auf, dass keiner der hier genannten drei eisernen Stühle – auch nicht der »Eißern durchbrochene[r] mit gewandt uberzogene[r] lehenstul« aus dem Burgundischen Tanzsaal – als Dreh- und Rollenstuhl beschrieben wird, während ein sonstiger Drehstuhl sowie ein Kleiderkasten auf Messingrollen aufgeführt werden. Die Rollfunktion stellte einen eigenen Aufwand und somit auch einen Wert dar, der in einem Inventar, bei Vorhandensein, wohl zu beschreiben gewesen wäre.

82 Für diese Einschätzung danke ich Dr. Michael Wenzel (HAB Wolfenbüttel).

83 NLA WO, 1 Alt 25 Nr. 9, fol. 23r–34v.

84 BARBARA UPPENKAMP: Ein Inventar von Schloß Wolfenbüttel aus der Zeit des Herzogs Julius von Braunschweig und Lüneburg, in: HEINER BORGGREFE, BARBARA UPPENKAMP (Hrsg.): Kunst und Repräsentation. Studien zur europäischen Hofkultur im 16. Jahrhundert, Bamberg 2002, S. 69–107. Vgl. auch BARBARA UPPENKAMP: Das Pentagon von Wolfenbüttel. Der Ausbau der welfischen Residenz 1568–1626 zwischen Ideal und Wirklichkeit, Hannover 2005, S. 127–140. Hier interpretiert Uppenkamp die drei Räume als Kunstkammer.

Drehstühle wurden bereits im 15. Jahrhundert für Geschäfts- und Studienzwecke angefertigt, wobei die meisten überlieferten Exemplare aus Holz gefertigt sind.[85] Einen maßgefertigten Schiebe-Rollenstuhl mit verstellbarer Lehne und Fußstützen wiederum hatte – der mit Herzog Julius bekannte – König Philipp II. von Spanien aufgrund seiner Gicht von 1595 bis zu seinem Tod 1598 tatsächlich in Verwendung; diesen lederbezogenen Holzstuhl mit eisernen Beschlägen hatte sein flämischer Hofdiener Jehan Lhermite (1560–1622) für ihn angefertigt, der in seiner Schrift *Passetemps* eine Zeichnung mit einer Beschreibung der Konstruktions- und Funktionsweise dieser »chaire des gouttes« gibt.[86] Der Stuhl Philipps II. weist ähnlich kleine Rollen auf wie der von uns behandelte Stuhl. Er wurde geschoben, ließ sich jedoch nicht drehen, was für den ruhebedürftigen König nicht erforderlich war.

Die Spur unseres heutigen Museumsobjektes lässt sich auf der Basis der zitierten Quellen und Vergleichsobjekte mit relativer Sicherheit weiterhin nur bis Ende des 18. Jahrhunderts zurückverfolgen, wenngleich seine Herkunft aus dem 16. Jahrhundert angesichts seiner funktionalen und stilistischen Gestaltung sowie materiellen Beschaffenheit wahrscheinlicher wird. Rhamm zufolge, der sich als frühesten Beleg für seine Identifizierung des Stuhles auf eine einzelne Quelle von 1791 stützt (wohingegen er die sonstigen Ausführungen in der Regel aus den Gerichtsakten zitiert), war der schmiedeeiserne Stuhl, auf dem man Anna Maria Ziegler (angeblich) verbrannte, »bis vor wenigen Jahrzehnten« an Ketten in einem »Gewölbe des Schlosses, dem alten Richtplatz gegenüber« aufgehängt; in den 1850er Jahren sei er gestohlen worden und werde »zur Zeit« – also im Jahr 1883 – nach seiner Wiederbeschaffung in einem Zimmer des Schlosses aufbewahrt.[87] Die Angaben zum 19. Jahrhundert bestätigen sich – in groben Zügen – in anderen Quellen: Der Braunschweiger Schriftsteller Wilhelm Görges schreibt

85 Vgl. BETTINA ZÖLLER-STOCK: Stühle. Sitzmöbel von der Renaissance bis zur Gegenwart aus dem Berliner Kunstgewerbemuseum, Berlin 1991, S. 13.

86 JEHAN LHERMITE: Le Passetemps. Publié d'après le Manuscrit original par Ch. Ruelens, Bd. 1, Genf 1971, S. 256 f., URL: http://gallica.bnf.fr/ark:/12148/bpt6k4468w/f309.image (Abb. des Stuhles [letzter Zugriff 10.01.2019]) sowie das Manuskript Passetemps (Bibliothèque royale, Brüssel, Ms II.1028, fol. 157). Vgl. LUDWIG PFANDL: Philipp II. Gemälde eines Lebens und einer Zeit, München 1938, S. 488 f. und S. 497 (Abb.).

87 Vgl. RHAMM: Goldmacher (s. Anm. 2), S. 58, 67, S. 109, Anm. 143. Bei der zitierten Quelle handelt es sich um eine ökonomie- und technologiehistorische Schrift: JOHANN BECKMANN: Beyträge zur Geschichte der Erfindungen, Bd. 3, Leipzig 1791, S. 404, URL: http://resolver.sub.uni-goettingen.de/purl?PPN338026622 [letzter Zugriff 10.01.2019]. Hier heißt es in einer Fußnote, dass man den eisernen Stuhl, auf dem die Betrügerin Anna Maria Zieglerin, genannt Schlüter Ilsche, verbrannt wurde, »noch« »am« Schloss in Wolfenbüttel zeige.

Abb. 2: Die Hinrichtung der Schlüterliese, Gemälde von Fr. [?] Brandes, 2. Hälfte 19. Jahrhundert, 49,3 × 43,6 cm. Braunschweigisches Landesmuseum, Inventar-Nr. R 1848, Foto: Braunschweigisches Landesmuseum, Ingeborg Simon

beispielsweise 1844, der Stuhl sei bis vor kurzem am Schlossgebäude gehangen und befinde sich jetzt in einzelnen Stücken [demnach auseinandergeschraubt, Anm. d. Verf.] vollständig im Schloss.[88]

In der Landeskunde des Theologen und Bibliothekars Friedrich Bosse findet sich dann 1896 die Angabe, der eiserne Stuhl, auf dem 1575 die ›Schlüterliese‹ verbrannt wurde, »welche die Herzogin Hedwig hatte umbringen wollen«, sei neben anderen Exponaten in dem Vaterländischen Museum in Braunschweig zu sehen.[89] Das Vaterländische Museum für Braunschweigische Landesgeschichte wurde 1891 gegründet; 1938 wurde es in Braunschweigisches Landesmuseum für Geschichte und Volkstum und 1983 in Braunschweigisches Landesmuseum umbenannt, wobei es mehrmals neue Räumlichkeiten bezog. Rhamm war an der Gründung des Museums aktiv beteiligt.[90] Er dürfte somit auch für die Aufnahme des Objektes in dessen Bestand gesorgt haben.

Die Benennung des Stuhls als Stuhl der ›Schlüterliese‹ erklärt sich aus den Legenden, die sich um Anna Maria Ziegler bildeten: Die Frau, die ihre Briefe an Julius mit »anna maria cZieglerin, Heinrich Schombachs eheweyb«[91] bzw. »anna maria cZieglerin«[92] unterschrieb, erhielt im Verlauf des Kolportierens ihrer Geschichte den Namen ›Schlüterliese‹, da sie Kopien der Schlüssel der Schlossgebäude besessen haben soll (den Gerichtsakten zufolge ging deren Herstellung allerdings auf das Konto Sömmerings).[93] In einer Schilderung des einstigen Bürgermeisters von Wolfenbüttel, Paul Eyferth, aus dem Jahr 1955 wird »das ›Schlüterlieschen‹« als »letzte ›Hexe‹« Wolfenbüttels bezeichnet[94], was sachlich ebenfalls unrichtig ist, da unter Herzog Heinrich Julius auf der Hauptgerichtsstätte am Lechlumer Holz, nordöstlich der Festung Wolfenbüttel verstärkt Verbrennungen von Frauen als Hexen stattgefunden hatten. Die Legendenbildung dokumentiert jedoch, dass die Hinrichtung Zieglers als Hinrichtung einer ›Hexe‹ – und nicht einer Alchemistin – wahrgenommen wurde.

88 WILHELM GÖRGES (Hrsg.): Vaterländische Geschichten und Denkwürdigkeiten der Vorzeit, 2. Jg., Braunschweig 1844, S. 298.

89 FRIEDRICH BOSSE: Kleine braunschweigische Landeskunde. Für den Schulgebrauch bearbeitet, 3. Aufl., Braunschweig-Leipzig 1896, S. 22.

90 Vgl. GERD BIEGEL (Hrsg.): Herzöge, Revolution und Nierentisch. 1200 Jahre Braunschweigische Landesgeschichte, Braunschweig 1992, S. 7–42.

91 NLA WO, 1 Alt 9, Nr. 306, fol. 4^v, 5^r.

92 Ebd., fol. 7^v.

93 Zum Namen ›Schlüterliese‹ vgl. RHAMM: Goldmacher (s. Anm. 2), S. 109 f., Anm. 144.

94 PAUL EYFERTH: Erzähltes und Erlebtes aus Wolfenbüttel in den letzten hundert Jahren, Wolfenbüttel 1955, S. 11.

Passend zum Stuhl wurde um 1900 ein Gemälde angefertigt, das veranschaulicht, wie man sich die Hinrichtung auf einem solchen Gerät vorstellte (siehe Abb. 2). Das Gemälde ist mit »Fr. [?] Brandes« signiert und befindet sich ebenfalls im Braunschweigischen Landesmuseum. Der Stuhl ist auf dieser Darstellung über seine Ösen mit Ketten an einem Gerüst befestigt und aufgehängt. Unter dem Stuhl ist ein Scheiterhaufen in Brand gesetzt. Ziegler wäre demzufolge auf dem eisernen Stuhl in einer Art Schaukelposition verbrannt worden. Im Hintergrund ist das Wolfenbütteler Schloss, im Vordergrund sind Richter, Räte und Soldaten sowie eine neugierige Menschenmenge zu sehen.[95]

In der Blütezeit der Alchemie unter Rudolf II. in Prag sollen erfolglose Alchemiker angeblich bis zu ihrem Hungertod in Käfigen aufgehängt worden sein.[96] Eine vergleichbare Zurschaustellung war bei der Hinrichtung einiger Anführer der Wiedertäuferbewegung in Münster im Jahr 1536 tatsächlich gewählt worden: Sie wurden zunächst auf einem Schaugerüst vor der Kirche St. Lamberti zu Tode gefoltert; ihre toten Körper wurden dann in zu diesem Zweck eigens geschmiedeten eisernen Körben am Turm der Kirche zur Schau gestellt, um der Abschreckung von Häretikern zu dienen; die – in diesem Fall authentischen – Körbe sind dort bis heute zu sehen.[97] Der eiserne Stuhl konnte, insbesondere wenn er (beispielsweise am Schloss) in erhöhter Position befestigt wurde, ebenfalls an einen solchen Käfig oder Eisenkorb erinnern.

Der eiserne Stuhl wurde jedoch sicherlich nicht für eine Hinrichtung angefertigt. Seine Drehbarkeit, Rollfähigkeit, Schmuckhaftigkeit und nicht zuletzt seine durchdachte Bequemlichkeit für Beine und Füße reichen über einen solchen Zweck hinaus. Wäre er bei der Hinrichtung verwendet worden, so hätte es sich hierbei lediglich um eine Zweitverwendung handeln können: Das Braunschweigische Landesmuseum weist dementsprechend im genannten Katalog »Tatort Geschichte« darauf hin, dass ein Vorbesitz

95 Vgl. BUCK: Angeblicher Hexenstuhl (s. Anm. 8), S. 120. Die Angabe im Katalog »Tatort Geschichte« (s. Anm. 1), dass es sich um ein Gemälde des Braunschweiger Malers Heinrich Brandes handelt, scheint nicht korrekt zu sein, da das Gemälde mit Fr. Brandes signiert ist. Für diese Angabe danke ich Herrn Wulf Otte, dem Leiter der Abteilung Zeitgeschichte am Braunschweigischen Landesmuseum (E-Mail vom 13.10.2016). Die Provenienz von Stuhl und Gemälde sind im Museum nicht dokumentiert.

96 JACQUELINE DAUXOIS: Der Alchimist von Prag. Rudolf II. von Habsburg. Eine Biographie, Düsseldorf u. a. 1997, S. 174.

97 Vgl. KARL-HEINZ KIRCHHOFF: Die »Wiedertäufer-Käfige« in Münster: Zur Geschichte der drei Eisenkörbe am Turm von St. Lamberti, Münster 1996 (mit Abbildungen).

des Stuhles durch Herzog Julius – den Kläger im »Fall Sömmering« – möglich ist: Julius war, wie bereits angesprochen, seit seiner Kindheit gehbehindert und musste im Alter sogar getragen werden.

Neben Herzog Julius käme zunächst auch seine Stiefmutter, Herzogin Sophie von Braunschweig-Lüneburg (1522 – 1575), als Vorbesitzerin in Frage: In einem Brief vom 30. Dezember 1572 kündigt Julius an, dass er ihr zum Neuen Jahr einen eisernen Stuhl schicken werde, der die Ausbeute an Eisen in seinem Bergwerk in Zellerfeld dokumentieren solle; wenn er auf gediegenes Silber treffe, werde er ihr zudem einen silbernen Stuhl verehren.[98] Einen Zusammenhang stellte bereits u.a. Friedrich Thöne her: »Der sogenannte Schlüterliesestuhl, auf dem die Kumpanin der Goldmacher, die Giftmischerin Anna Luise Schombach, verbrannt worden sein soll, ist vermutlich ein Tragstuhl für den gehbehinderten Herzog gewesen; darauf verweisen die Verzierungen, die Drehbarkeit des Sitzes und die Tragevorrichtung. Einen ähnlichen Eisenstuhl schenkte Julius am 30.12.1572 zum Neuen Jahr seiner Stiefmutter, der Herzoginwitwe Sophie.«[99] Möglicherweise dachte Julius, dass sie für die versprochenen Stühle im Rahmen ihrer Kunstsammlungen Verwendung haben könnte.[100] Herzogin Sophie residierte 1572 auf ihrem Witwensitz Schloss Schöningen. Als sie am 28. Mai 1575, drei Monate nach der Hinrichtung Zieglers, starb, ging ihr Besitz auf Herzog Julius über. Es ist daher relativ wahrscheinlich, dass Herzogin Sophies Stuhl einer der im Inventar genannten Stühle ist, etwa der »eisern Lehnstul mit einem Kuß [Kissen] von Techsfell [Dachsfell]« aus dem Burgundischen Saal. Um den Dreh- und Rollenstuhl aus dem Braunschweigischen Landesmuseum dürfte es sich dabei jedoch nicht handeln, da die entsprechenden Funktionen nicht erwähnt werden.

Dass ein Stuhl aus dem *unmittelbaren* Besitz – sei es Herzog Julius', sei es Herzogin Sophies – im 16. Jahrhundert als Verbrennungsstuhl verwendet worden sein könnte, erscheint zudem symbolgeschichtlich als ausgeschlossen: Über den Akt der Verbrennung wäre der Vorbesitzer unweigerlich mit der Hingerichteten in Verbindung gebracht worden. Die Herstellung einer solchen sowohl materiell-körperlichen wie symbolischen und ggf. sogar magischen Verbindung hätte die Mitglieder der herzoglichen Familie kompromittiert, was nicht in deren Interesse war.

98 NLA WO, 1 Alt 23 Nr. 12, fol. 63 – 64. Im Nachlass der Herzogin ist allerdings kein eiserner Stuhl aufgeführt, vgl. ebd., Nr. 71a.

99 FRIEDRICH THÖNE [1963]: Wolfenbüttel. Geist und Glanz einer alten Residenz. Mit 235 Abbildungen und neun Farbtafeln, München ²1968, S. 47 f.

100 Zu den Kunstsammlungen der Herzogin vgl. JAN PIROŻYŃSKI: Die Herzogin Sophie von Braunschweig-Wolfenbüttel aus dem Hause der Jagiellonen (1522 – 1575) und ihre Bibliothek, Wiesbaden 1992, S. 100 – 107.

Vorstellbar wäre in meinen Augen lediglich, dass ein bereits vorhandener Stuhl aussortiert und Anna Maria Ziegler für ihre alchemischen Arbeiten zur Verfügung gestellt worden war.[101] Beispielsweise ein Stuhl, den Julius für seine eigenen alchemischen Arbeiten hatte maßanfertigen lassen und den er nicht mehr benötigte. Ein solcher, von Ziegler vor ihrer Hinrichtung bereits gebrauchter und in Besitz genommener Stuhl hätte mit ihr ggf. soweit identifiziert werden können, dass er sich auch zur Verbrennung benutzen ließ.

Im Jahr 1791 zumindest scheint jener Stuhl, der sich heute im Landesmuseum befindet, an der (seit dem 16. Jahrhundert mehrmals baulich veränderten) Schlossfassade installiert gewesen zu sein. Während die weiteren eisernen Stühle Herzog Julius' offenbar nicht erhalten sind,[102] wurde dieser vermutlich, etwa aufgrund der ruinierten Fußplatte, als »Verbrennungsstuhl« interpretiert und daher exponiert. Die Residenz der Herzöge von Wolfenbüttel war bereits in den Jahren 1753/54 in das neu erbaute Braunschweiger Schloss verlegt worden. Der Stuhl wurde demnach 1791 bereits in einem prämusealen Kontext gezeigt. Der Unterschied zu den rekonstruierten Hexenstühlen des 19. Jahrhunderts wäre darin zu sehen, dass man sich mit diesem Exponat vom Betrug der Goldmacherei abgrenzen und ihn also – wie eine Trophäe – positiv besetzen konnte; während die ausgestellten, martialischen Stachelstühle konträr hierzu eher der Abgrenzung vom ›grausamen Mittelalter‹ dienten.[103]

Zu Anna Maria Ziegler gehört der Stuhl insofern, als sich ihre *Fama* in diesem Objekt materialisiert hat. Heute ist er Anlass, sich ihrer Person zu widmen und ihre – durchaus originelle – Alchemie zu erforschen.

101 Trotz der Betonung ihrer Attraktivität findet in den Quellen mehrmals Erwähnung, dass Anna Maria Ziegler schwach auf den Beinen sei und ihre Beine aufgrund ihrer ungewöhnlichen Geburt nicht vollkommen seien, vgl. RHAMM: Goldmacher (s. Anm. 2), S. 70, Anm. 18.

102 In einem Notariatsinstrument von 1643 »Über das fürstliche Schloß zu Wolfenbüttel in welchem verderbten Zustandt die Gebäude und sonsten alles darauff befunden worden« wird auf Schäden und Kriegsverluste im Burgundischen Tanzsaal hingewiesen: »Dantzsaal. Oben der boden ist gantz verstockt, die Cronen von Meßing, davon fünff gewesen sein sollen, und die Armen von einer Cronen nebenst vier brandeisen mit Wapen seyn weg. [...] In zweyen kisten seyn die Schubladen weg, Taffeln und stüle nicht gefunden, die Altan nach dem Mahrstall gantz bauwfällig und ruinirt, Vier eiserne stangen vom Trompeterstul außerhalb des Saals bey der thür weg.« NLA WO, 1 Alt 25 Nr. 22, fol. 2^r–21^v, hier fol. 12^r, zitiert nach UPPENKAMP: Das Pentagon (s. Anm. 84), S. 135 f.

103 Vgl. SCHEFFLER: Der Folterstuhl (s. Anm. 9), Absatz 19. Diese Stühle sind – im Unterschied zu Zieglers (angeblichem) Verbrennungsstuhl – auf der Sitzfläche mit Eisenspitzen besetzt (siehe auch die Abbildungen ebd.).

SVEN LIMBECK

»Sounding Alchemy«

Alchemie und Musik in Mittelalter und früher Neuzeit

Im zweiten Buch von *Paradise lost* schildert John Milton das Ende einer höllischen Ratsversammlung, deren Beschlüsse nun von Cherubim verkündet werden:

> Then of their session ended they bid cry
> With trumpet's regal sound the great result.
> Toward the four winds four speedy Cherubim
> Put to their mouths the sounding alchemy
> By herald's voice explained (V. 514–518).
>
> Nach dem Ende ihrer Sitzung befahlen sie, zu verkünden
> Mit der Trompete königlichem Schall ihren großen Beschluss.
> Vier flinke Cherubim in Richtung der vier Winde
> setzten die tönende Alchemie an ihre Münder;
> Des Herolds Stimme erklärte sodann das Verkündete.[1]

»Sounding alchemy«, »tönende Alchemie« meint vordergründig die goldglänzenden Messingtrompeten. Die alchemisch gewonnene Legierung steht metonymisch – die *causa efficiens* ersetzt den Effekt – für das Instrument. Die überraschende Formulierung verweist auf einen Zusammenhang, der einem Leser des 17. Jahrhunderts vielleicht weniger fremd war als uns: Mit Alchemie lässt sich nicht nur Gold, sondern auch ein Sound erzeugen.

Die Verbindung von Alchemie und Musik wurde in der frühen Neuzeit mehrfach ins Bild gesetzt. Darunter dürfte ein Stich des *Amphitheatrum Sapientiae Aeternae* (1595, 1609) von Heinrich Khunrath zu den bekanntesten Zeugnissen gehören. Es bildet eine Trias von Alchemie, Theologie und Musik, in welcher der Musik eine vermittelnde Funktion zwischen den scheinbar getrennten Sphären zukommt.[2] Man kann das Bild gewiss nicht

1 JOHN MILTON: Poetical Works, hrsg. von DOUGLAS BUSH, Oxford–New York 1992, S. 243. Wo nichts anderes angegeben wird, stammen alle Übersetzungen fremdsprachiger Zitate vom Verfasser des Beitrags. Vgl. STANTON J. LINDEN: Darke Hierogliphicks. Alchemy in English Literature from Chaucer to the Restoration, Lexington 1996, S. 248 f.

2 HEINRICH KHUNRATH: Amphitheatrum Sapientiae Aeternae – Schauplatz der ewigen allein wahren Weisheit. Vollständiger Reprint des Erstdrucks von [Hamburg] 1595 und des zweiten und letzten Drucks Hanau 1609, hrsg. von CARLOS GILLY, ANJA HALLACKER, HANNS-PETER NEUMANN, WILHELM SCHMIDT-BIGGEMANN, Clavis Pansophiae 6, Stuttgart-Bad Cannstatt 2014. Vgl. PETER J. FORSHAW: *Oratorium – Auditorium – Laboratorium.* Early Modern Improvisations on Cabala, Music, and Alchemy, in: Aries 10 (2010), S. 169–195.

Abb. 1: Titelkupfer, aus: Basilius Valentinus: Revelation Des Mysteres Des Teintures Essentielles des Sept Metaux, Paris 1668. München, Bayerische Staatsbibliothek: 4 Alch. 97

als Beleg dafür lesen, dass Alchemisten im Labor tatsächlich auch musiziert hätten. Die Instrumente und Noten verweisen auf einen erkenntnistheoretischen Zusammenhang, bei dem die Musik als Medium der göttlichen Gnade dient. Das Titelkupfer einer alchemischen Schrift des Basilius Valentinus gibt zu erkennen, wie gängig diese Denkform in der hermetischen Tradition war (Abb. 1):[3] Hier wird auf der rechten Seite durch die Anwesenheit des Hermes Trismegistus mit der Armillarsphäre, einer Viola da Gamba und eines Alembiks auf einem befeuerten Laborofen in emblematischer Weise ein hermetisches Weltbild zur Darstellung gebracht, das musikalisch strukturiert ist. In dem Feld oberhalb der Gambe sind sieben Orgelpfeifen den

3 BASILIUS VALENTINUS: Revelation Des Mysteres Des Teintures Essentielles des Sept Metaux, & de leurs Vertus Medicinales, Paris: La veuve de Jacques de Senlecque / Laurent Rondet 1668; vgl. JACQUES VAN LENNEP: Alchimie. Contribution à l'histoire de l'art alchimique, 2. revidierte und erweiterte Aufl., Brüssel 1985, S. 171f.

Abb. 2: Melancholiker, in: Hieronymus Brunschwig: Liber de arte distulandi, Straßburg 1508. München, Bayerische Staatsbibliothek: Res/2 M.med. 35

sieben Planeten zugeordnet. Die analogen Darstellungen jeweils einer Reihe Bücher und Gefäße symbolisieren die alchemische Theorie und Praxis, die in einer harmonischen Verbindung stehen müssen. Eine Beischrift spricht von der »Harmonia sancta«, die die bösen Geister vertreibt. Die kosmische Harmonie überträgt sich musikalisch auf den melancholischen Alchemisten und bringt so sein inneres Ungleichgewicht in Ordnung.

Ein melancholisches Temperament galt in der frühen Neuzeit als Voraussetzung für intellektuelle Tätigkeit. Marsilio Ficinos *De vita libri tres*, das Hauptwerk der Melancholietheorie, wurde interessanterweise in deutscher Übersetzung als Anhang zu Hieronymus Brunschwigs *Liber de arte distillandi*, einem sehr erfolgreichen Grundlagenwerk der alchemischen Praxis, gedruckt. Auf einem Holzschnitt der Straßburger Ausgabe von 1508 (Abb. 2) sieht man einen alchemisierenden Melancholiker, der sich in Erinnerung an die Erzählung von Saul und David mit Harfenklängen trösten lässt (1 Samuel 14 – 23).[4]

4 HIERONYMUS BRUNSCHWIG: Liber de arte distulandi Simplicia et Composita. Das nüv buch der rechten kunst zu distillieren, Straßburg: Johann Grüninger 1508, Bl. Z iv^{r}; vgl. ANTJE WITTSTOCK: Melancholia translata. Marsilio Ficinos Melancholie-Begriff im deutschsprachigen Raum des 16. Jahrhunderts, Berliner Mittelalter- und Frühneuzeitforschung 9, Göttingen 2011.

Abb. 3: Unbekannter Maler: Herzog August d. J. von Braunschweig-Lüneburg im Studierzimmer. HAB Wolfenbüttel: Inv.-Nr. B 10

Elemente der hermetischen Ikonographie finden sich im Übrigen auf einem Gemälde von Herzog August d. J. von Braunschweig-Lüneburg in seinem Studierzimmer (Abb. 3) aus dem Bestand der Herzog August Bibliothek (Inv.-Nr. B 10):[5] Im Vordergrund ist darauf ein stilllebenartiges Arrangement aus einer Laute und zwei Gamben zu sehen, wovon die größere an einem Bücherstapel lehnt, aus dem wiederum die aufgeschlagenen Seiten eines querformatigen Notenheftes herausragen. Die Zuordnung von Büchern und Instrumenten verweist darauf, dass auch die Musik als Teil der Wissensordnung verstanden wurde. In einer Nische der Rückwand befindet sich ein Repositorium mit weiteren Büchern, darauf eine Anzahl gläserner Laborgeräte, die die Alchemie symbolisieren. Musik und Alchemie, die hier nicht ganz unmittelbar aufeinander bezogen werden, bilden gleichwohl zwei Facetten von Herzog Augusts Wissenskosmos, der in der Bibliothek konkrete Gestalt geworden ist.

Grundlegend für die Alchemie ist ein analogisches Denken, das auf den Korrespondenzen zwischen überirdischer und sublunarer Welt, zwischen Makrokosmos und Mikrokosmos beruht. Eine der theoretischen Grundlagen dafür ist die pythagoräische Lehre von der Sphärenharmonie.[6] Danach kreisen die Planeten auf Sphären um die Erde und erzeugen dabei Töne. Die Planetenbewegungen verhalten sich wie die Töne der geteilten Saite eines Monochords proportional zueinander und bilden eine musikalische Ordnung, die durch harmonische Intervallverhältnisse zu beschreiben ist. Spätestens mit der Musiktheorie des Boethius werden diese Vorstellungen im Abendland kanonisch. Er unterscheidet grundsätzlich drei Arten von Musik: 1. *musica mundana*: die Sphärenmusik, die von der »Himmelsmaschine« (»caeli machina«) erzeugt wird, 2. *musica humana*: die Harmonie des Mikrokosmos Mensch, das Zusammenspiel von Körper und Seele, 3. *musica instrumentalis*: die physisch mit Instrumenten erzeugte Musik.[7] Diese drei Musiken verbinden sich untereinander durch Sympathiewirkungen. Dadurch erklärt sich, wie die *musica instrumentalis* harmonisierend auf die *musica humana* einwirken kann. Für die frühneuzeitliche Hermetik ist die musikalische Struktur der Welt von nachgerade axiomatischer Bedeutung. Der englische Hermetiker John Dee (1527–1609) drückt dies folgendermaßen aus: »Die ganze Welt ist wie eine Lyra, die von einem ganz hervorragenden Künstler geschaffen wurde. Ihre Saiten sind die einzelnen Erscheinungen in

5 Vgl. MICHAEL WENZEL: Die Gemälde der Herzog August Bibliothek Wolfenbüttel. Bestandskatalog, Wolfenbütteler Forschungen 133, Wiesbaden 2012, S. 331–343 (Kat.-Nr. 93).

6 Vgl. JAMES HAAR: Art. »Music of the spheres«, in: STANLEY SADIE (Hrsg.): The New Grove Dictionary of Music and Musicians, 2. Aufl., London 2001, Bd. 17, S. 487 f.

7 BOÈCE: Traité de la musique, übers., mit Einleitung und Anmerkungen versehen von CHRISTIAN MEYER, Turnhout 2004, S. 30–34.

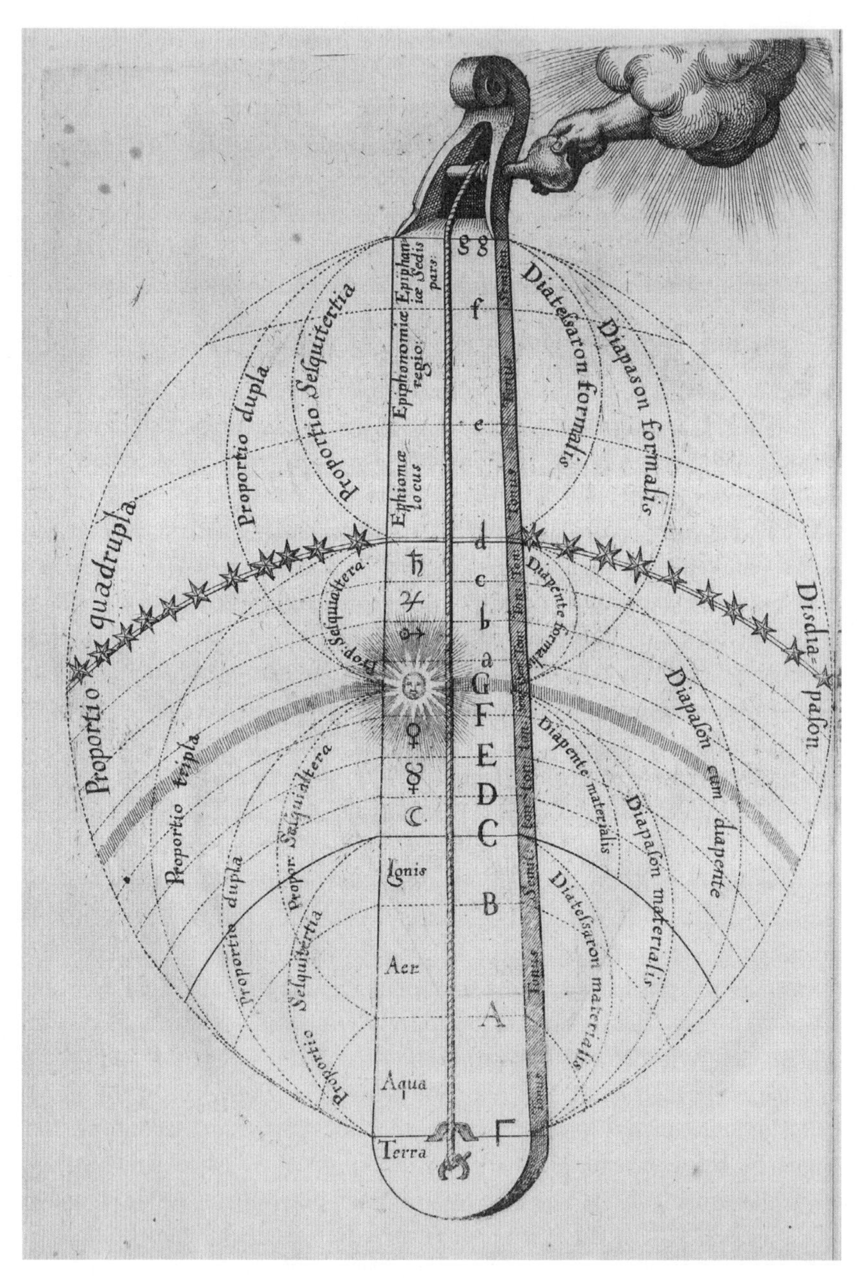

Abb. 4: Kosmisches Monochord, in: Robert Fludd: Utriusque Cosmi Maioris scilicet et Minoris Metaphysica, Bd. 1, Oppenheim 1617. HAB Wolfenbüttel: Na 4° 41

der Gesamtheit der Welt. Wer sie geschickt zu spielen und zu schlagen weiß, der wird wunderbare Harmonien hervorbringen. Der Mensch ist indessen in jeder Hinsicht eine Entsprechung zu dieser Lyra der Welt« (»Mundus iste totus est quasi lyra, ab excellentissimo quodam artifice concinnata: cuius chordae, sunt huius vniuersitatis Species singulae, quas qui dextre tangere pulsareque nouerit, mirabiles ille eliciet harmonias. Homo autem, per se, Mundanae isti Lyrae, omnino est Analogus«).[8]

Dees jüngerer Landsmann Robert Fludd (1574–1637), der gleichermaßen Alchemist wie Musiktheoretiker war, fasst die Welt in das Schema eines Monochords, dessen von der Hand Gottes gespannte Saite die empyreische mit der sublunaren Welt verbindet und deren Verhältnisse er als Intervalle beschreibt (Abb. 4).[9] Und schließlich beruht die Ordnung des Kosmos nach dem Universalgelehrten und Jesuiten Athanasius Kircher auf der gemäß dem Buch der Weisheit von Gott geschaffenen harmonischen Verhältnismäßigkeit von Maß, Zahl und Gewicht (»omnia mensura et numero et pondere disposuisti«, Weisheit 11,21). Nichts anderes als Maß, Zahl und Gewicht ist aber die Musik, und daher ist die Welt als Ganzes musikalisch strukturiert (»Cum igitur Musica siue harmonia nihil aliud sit, quam numerus, mensura, pondus [...] Mundus autem Platone teste sit ἁρμονία πάντα κατέχουσα«).[10] »Die Musik zu kennen«, heißt es bei Kircher an anderer Stelle, »bedeutet nichts anderes als um die Ordnung aller Dinge zu wissen« (»Musicam vero nosse nihil aliud est, quam cunctarum rerum ordinem scire«).[11] Kircher fasst diese Vorstellung in das Bild einer Weltorgel, auf der der Schöpfer als Organist spielt, wobei die Orgelregister den Schöpfungstagen entsprechen (Abb. 5).[12]

8 JOHN DEE: Propaedeumata Aphoristica Ioannis Dee, Londinensis, De Praestantioribus quibusdam Naturae Virtutibus, London: Reginald Wolfe 1568, Bl. B ii^{v}.

9 ROBERT FLUDD: Utriusque Cosmi Maioris scilicet et Minoris Metaphysica, Physica Atque Technica Historia, Bd. 1: De Macrocosmi Historia in duos tractatus diuisa, Oppenheim: Theodor de Bry 1617, S. 90. Vgl. PETER J. AMMANN: The Musical Theory and Philosophy of Robert Fludd, in: Journal of the Warburg and Courtauld Institutes 30 (1967), S. 198–227; PETER HAUGE: ›The Temple of Music‹ by Robert Fludd, Farnham-Burlington, Vt. 2011.

10 ATHANASIUS KIRCHER: Musurgia Vniversalis Sive Ars Magna Consoni et Dissoni, Bd. 2, Rom: Ludovico Grignani 1650, S. 365 f.

11 ATHANASIUS KIRCHER: Oedipus Aegyptiacus, Bd. 2, Tl. 2, Rom: Vitale Mascardi 1653, S. 123. Es handelt sich dabei um ein Zitat aus dem spätantiken hermetischen Dialog *Asclepius*; vgl. CARSTEN COLPE, JENS HOLZHAUSEN (Hrsg.): Das Corpus Hermeticum Deutsch. Übersetzung, Darstellung und Kommentierung in drei Teilen, Tl. 1: Die griechischen Traktate und der lateinische ›Asclepius‹, übers. u. eingel. von JENS HOLZHAUSEN, Clavis Pansophiae 7,1, Stuttgart-Bad Cannstatt 1997, S. 271.

12 KIRCHER: Musurgia (s. Anm. 10), Iconismus XXIII; vgl. WOLFGANG HIRSCHMANN: Art. »Kircher, Athanasius«, in: LUDWIG FINSCHER (Hrsg.): Die Musik in Geschichte und

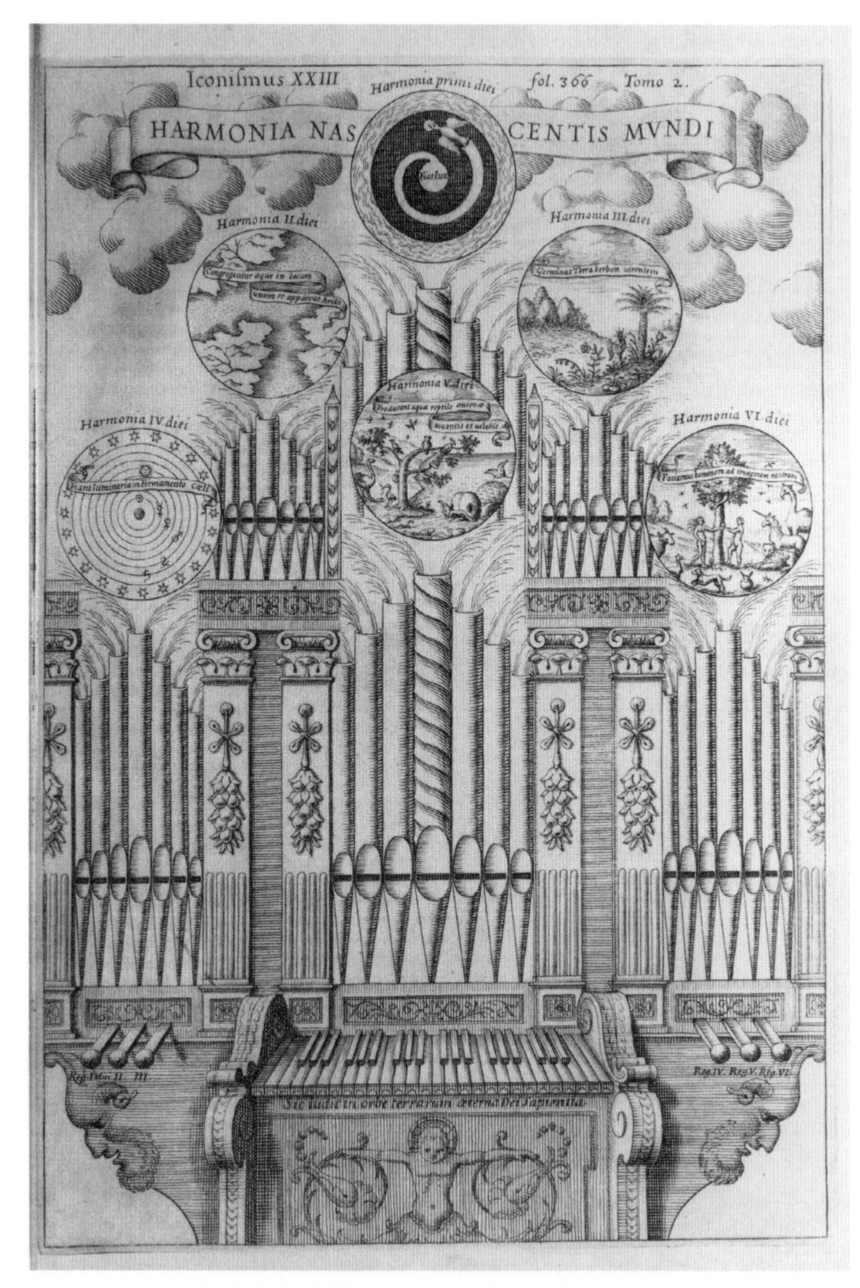

Abb. 5: Weltorgel, in: Athanasius Kircher: Musurgia Vniversalis, Bd. 2, Rom 1650. HAB Wolfenbüttel: 1.2 Musica 2° (2)

In diesen Zusammenhang ist die bislang freilich nicht befriedigend erklärte *Musique de Nicolas Flamel* zu stellen, eine erstmals 1624 im Druck erschienene Tabelle, die eine Zuordnung der Planetenzeichen, der Buchstaben des lateinischen Alphabets, alchemischer Prozesse und Geräte zu Tönen und Intervallen vornimmt.[13] Von den fünf Spalten der Tabelle ist die vierte in aufsteigender Reihe mit den Tonnamen einer drei Oktaven umfassenden Tonleiter belegt, während die fünfte Spalte relative Tonfolgen in Solmisationssilben enthält. Die alchemische Anwendung der von Raimundus Lullus entwickelten Erkenntnismethode, bei der Buchstaben und Begriffe kombiniert werden, wurde hier offensichtlich im Sinne der kosmischen Harmonik um Töne erweitert.

Fragt man danach, ob und wie aus der theoretischen *musica mundana* auf dem großen und weiten Feld der hermetischen Wissenschaft Alchemie *musica instrumentalis* geworden ist, dann muss man sich auf relativ wenige disparate Zeugnisse stützen, die sich vorschlagsweise in drei Komplexe gliedern lassen: 1. Alchemie als musikalisches Sujet, 2. Alchemie in musikalischer Gestalt und 3. Musik in alchemischer Gestalt.[14]

1. Alchemie als musikalisches Sujet

Die Stoff- und Motivforschung ist weniger in der Musik- als in der Literaturwissenschaft beheimatet, insofern bietet sich die musikalische Rezeption der Alchemie als ein weitgehend unkartographiertes Gebiet, dessen Dimensionen hier nur exemplarisch anhand der mittelalterlichen Sangspruchdichtung und des frühneuzeitlichen Musiktheaters angedeutet werden können. Der Begriff des musikalischen Sujets ist kaum geklärt. Sinnvoll erscheint es deswegen, von Sujet in der Musik dann zu sprechen, wenn eine musikalische Form sich eines Inhalts der Religion, der Kunst oder des Wissens

Gegenwart. Allgemeine Enzyklopädie der Musik, 2., neubearb. Aufl., Personenteil, Bd. 10, Kassel-Basel u.a. 2003, Sp. 145-149 (im Folgenden: ²MGG); FELICIA ENGLMANN: Sphärenharmonie und Mikrokosmos. Das politische Denken des Athanasius Kircher (1602-1680), Köln-Weimar-Wien 2006, S. 343-358.

13 ARNAUD DE VILLENEUVE: Le sentier des sentiers, Paris: Jérémie et Christophle Périer 1624, S. 24. Vgl. JACQUES REBOTIER: La *Musique de Flamel*, in: DIDIER KAHN, SYLVAIN MATTON (Hrsg.): Alchimie. Art, histoire et mythes. Actes du 1er Colloque international de la Société d'étude de l'histoire de l'alchimie, Textes et travaux de Chrysopoeia 1, Paris 1995, S. 507-545.

14 Zum ganzen Komplex grundlegend CHRISTOPH MEINEL: Alchemie und Musik, in: DERS. (Hrsg.): Die Alchemie in der europäischen Kultur- und Wissenschaftsgeschichte, Wolfenbütteler Forschungen 32, Wiesbaden 1986, S. 201-227; DERS.: Art. »Musik und Alchemie«, in: ²MGG, Sachteil, Bd. 6, 1997, Sp. 727-729.

bemächtigt, der ihr nicht *per se* eigen ist oder erscheint, wenn also die Vertonung dessen stattgefunden hat, was nicht selbst schon Ton ist.

Die frühesten Zeugnisse dafür, wie alchemische Motivik musikalisch verwendet wurde, bilden mehrere mittelhochdeutsche und mittellateinische Sangspruchdichtungen. Lobpreis der Alchemie (*Ad commendacionem alchimie*, um 1300)[15] wie auch deren Kritik als Gewinnsucht (*Reprehensio alchimie*, um 1300)[16] können gleichermaßen Themen solcher didaktisch angelegter Sangspruchdichtung sein. Die Alchemie als gleich hoch oder gering zu schätzende Disziplin neben anderen Wissenschaften wie den sieben freien Künsten und der Theologie, Medizin oder Rechtswissenschaft erscheint in einer Reihe von Artes-Sprüchen. Der Marner († vor 1387) versieht in seinem Spruch *Fundamentum artium ponit Grammatica* die Fächer des Triviums und Quadriviums mit kurzen Charakteristiken. Unter den höheren Fächern erscheint bei ihm auch die Alchemie: »Die Alchemie lehrt das Feinstoffliche | und verwandelt alle Metalle« (»Alchimia docet subtilia, | metalla mutans omnia«).[17] Die Gedichte *Esto, quod expertus sis in trivio* von Mersburg (um 1300), vermutlich eine lateinische Umdichtung einer mittelhochdeutschen Vorlage des Spruchdichters Boppe,[18] sowie das deutlich jüngere anonyme Gedicht *Ich stunt uff einez grabes grunde* des Konrad Harder (2. Hälfte 14. Jh.) widmen sich in ihren Fächerkatalogen der Vergeblichkeit aller Kunstfertigkeit und aller Gelehrsamkeit, sei es in einer Welt, in der nur Geld zählt, sei es im Angesicht des Todes:

> Alchimia, du kunst verborgen,
> war umb geb du dem dod nit richen solt
> für dinen knecht (nu hastu doch wol silber und golt),
> der dort lit in dez dodez sorgen.[19]

15 MICHAEL CALLSEN (Hrsg.): Die Augsburger Cantiones-Sammlung, Spolia Berolinensia 34, Hildesheim 2015, S. 230 f. Sieht man darüber hinweg, dass Callsen »commendacio alchimie« mit »Tadel [!] der Alchemie« (S. 231) übersetzt, befremdet immerhin seine Ansicht, die Überschrift sei »irreführend« (S. 340), da es sich bei dem Gedicht eigentlich um einen Marienpreis handele. Können nicht marianische Attribute auf eine Allegorie der Alchemie übertragen worden sein?

16 CALLSEN: Augsburger Cantiones-Sammlung (s. Anm. 15), S. 114–117.

17 Ebd., S. 146; vgl. auch BURGHART WACHINGER (Hrsg.): Deutsche Lyrik des späten Mittelalters, Bibliothek des Mittelalters 22, Frankfurt a. M. 2006, S. 252–255 [Text mit Übers.] u. 758–760 [Komm.].

18 CALLSEN: Augsburger Cantiones-Sammlung (s. Anm. 15), S. 154–157; vgl. auch HEIDRUN ALEX: Der Spruchdichter Boppe. Edition – Übersetzung – Kommentar, Hermaea N. F. 82, Tübingen 1998, S. 88.

19 JOHANNES VON TEPL: Der ackerman. Auf Grund der deutschen Überlieferung und der tschechischen Bearbeitung kritisch hrsg. von WILLY KROGMANN, Deutsche Klassiker des Mittelalters N. F. 1, Wiesbaden 1954, S. 204 f., hier S. 205.

Ein tieferes Wissen um die Alchemie lassen diese Aufzählungen freilich nicht erkennen. Solide, wenn auch konventionelle Kenntnisse der Alchemie besaß indessen Heinrich von Mügeln (14. Jh.).[20] Sein Alchemie-Spruch *Wie sich lasur gebirt* steht in einem Zyklus von Sprüchen über die Artes und ihre Autoritäten.[21]

Besondere Erwähnung verdient ein Sangspruch Konrads von Würzburg (um 1230–1287), weil er nicht die Alchemie an sich thematisiert, sondern die Scheidekunst als Metapher für die Unterscheidung von moralischen Gesinnungen gebraucht:

> Wie sol ich richen edelen schalk mit valschem mvot erweschen?
> von kupfer scheidet man das golt mit eines vnkes äschen –
> hei, das miner taschen
> vil nah ein puluer nie gelag
> da mit ich gvldin adel schiede vs kupferinem willen.

> Wie soll man nur einen adeligen Drecksack ohne Anstand sauber kriegen?
> Kupfer scheidet man von Gold mit Krötenasche,
> die ich leider nie
> in der Tasche habe,
> um goldenen Adel von einer kupfernen Einstellung zu trennen.[22]

Die Bezeichnung Sangspruch besagt, dass man sich den Text gesungen vorstellen muss. In der Großen Heidelberger Liederhandschrift (*Codex Manesse*) (Abb. 6), in der Konrads Gedicht überliefert ist, sind allerdings keine Melodien aufgezeichnet. Man findet den sogenannten Hofton, das Melodiemodell für Konrads Sangsprüche, mit einem anderen Text jedoch in der Jenaer Liederhandschrift, sodass eine musikalische Realisation denkbar und möglich wäre.[23] Diese Überlieferungssituation mit einer unmittelbaren Melodieauf-

20 Vgl. JOHANNES KIBELKA: der ware meister. Denkstile und Bauformen in der Dichtung Heinrichs von Mügeln, Philologische Studien und Quellen 13, Berlin 1963, S. 194–202; HERWIG BUNTZ: Heinrich von Mügeln als alchimistische Autorität, in: Zeitschrift für deutsches Altertum 103 (1974), S. 144–152.

21 Die kleineren Dichtungen Heinrichs von Mügeln. Erste Abteilung: Die Spruchsammlung des Göttinger Cod. philos. 21, Teilbd. 2: Text der Bücher V–XVI, hrsg. von KARL STACKMANN, Deutsche Texte des Mittelalters 51, Berlin 1959, S. 337 (Nr. 228).

22 Kleinere Dichtungen Konrads von Würzburg, hrsg. von EDWARD SCHRÖDER, Bd. 3: Die Klage der Kunst. Leiche, Lieder und Sprüche, Berlin 1926, S. 62 f.

23 Jena, Thüringer Universitäts- und Landesbibliothek, Ms. El. f. 101, fol. 101^{r-v}. Vgl. GEORG HOLZ, FRANZ SARAN, EDUARD BERNOULLI (Hrsg.): Die Jenaer Liederhandschrift, Bd. 1: Getreuer Abdruck des Textes, besorgt von Georg Holz, Bd. 2: Übertragung, Rhythmik und Melodik, bearb. von FRANZ SARAN, EDUARD BERNOULLI, Leipzig 1901, Bd. 1, S. 168 f., Bd. 2, S. 66 f. (Nr. XXVI); HORST BRUNNER, KARL-GÜNTHER HARTMANN (Hrsg.): Spruchsang. Die Melodien der Sangspruchdichter des 12. bis 15. Jahrhunderts, Monumenta Monodica Medii Aevi 6, Kassel 2010, S. 183–185.

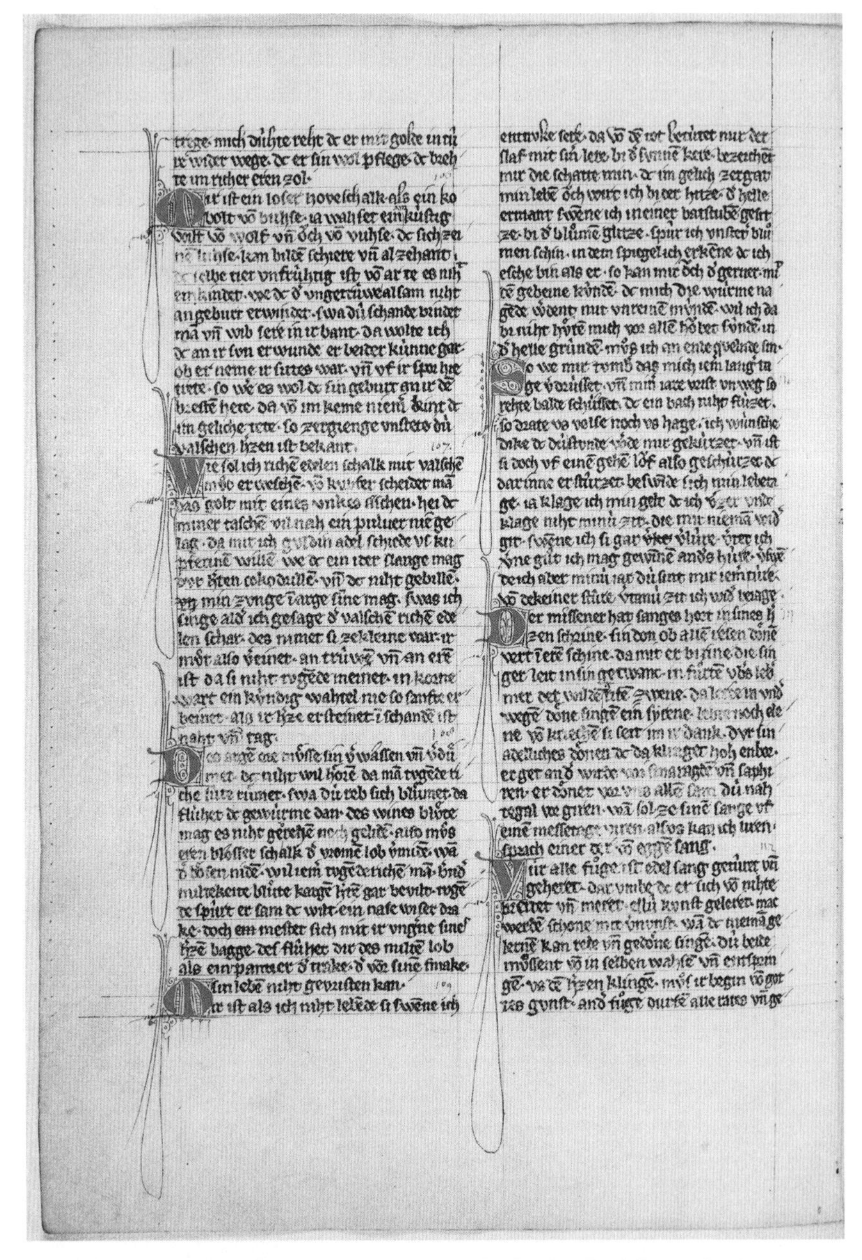

Abb. 6: Sangsprüche des Konrad von Würzburg in der Großen Heidelberger Liederhandschrift (Codex Manesse). Heidelberg, Universitätsbibliothek: Cod. Pal. Germ. 848, fol. 390ᵛ

zeichnung oder einer dem Text aus einer alternativen Quelle zuzuordnenden Melodie trifft auf fast alle hier genannten Sangsprüche zu. Gleichwohl ist für diese mittelalterlichen Zeugnisse zu konstatieren, dass sie Alchemie als Metapher gebrauchen, in musikalischer Gestalt über sie belehren oder sie kritisieren, aber ihre Musik steht in keiner inneren Beziehung zur Alchemie, ihrem Denkstil und ihrer spezifischen Bildwelt.

Davon gibt es möglicherweise nur eine Ausnahme, die einer anderen musikalischen Gattung der mittelhochdeutschen Dichtung, dem Leich, entstammt, der aus unterschiedlich gebauten Teilen besteht, die sich metrisch und musikalisch meist paarig wiederholen. Der umfangreiche Minneleich des um 1300 dichtenden Frauenlob (Heinrich von Meißen) ist immerhin in einer Handschrift mit seiner Melodie überliefert (Wien, Österreichische Nationalbibliothek, Cod. 2701, fol. 34^{r} – 44^{v}).[24] Frauenlob schildert darin die Vision eines der Länge nach geteilten doppelgeschlechtlichen Wesens, das halb Jungfrau, halb Mann ist:

> Selvon, der sach ein dunstlich bilde,
> halp maget, halp man, geteilet nach der lenge,
> Daz truc die vier complexen wilde
> in siner hant, ez vloz in twalmes henge.
>
> Selvon schaute ein nebelhaftes Bild,
> der Länge nach geteilt: zur Hälfte Jungfrau, zu Hälfte Mann.
> Es trug die vier ungezähmten Komplexionen
> in seiner Hand; es war fließend wie ein Dunst, der in der Luft hängt.[25]

Das Bild entspricht im Detail dem alchemischen Hermaphroditen, wie er erstmals zu Beginn des 15. Jahrhunderts im *Buch der Heiligen Dreifaltigkeit* in Erscheinung tritt und in der Folge eine zentrale Allegorie der alchemischen Vereinigung der Gegensätze bilden wird (Abb. 7).[26] Für Frauenlob, der unzweifelhaft mit den hermetischen und neuplatonischen Traditionen des Mittelalters vertraut war, stellt es das Wesen der Liebe und ihrer den Kosmos durchwaltenden Wirkkraft dar.[27]

24 Vgl. HEINRICH RIETSCH (Hrsg.): Gesänge von Frauenlob, Reinmar v. Zweter und Alexander nebst einem anonymen Bruchstück nach der Handschrift 2701 der Wiener Hofbibliothek, Denkmäler der Tonkunst in Österreich 41, Wien 1913, S. 36 – 47 [Abbildung der Hs.] u. 77 – 83 [Melodie mit unterlegtem Text].

25 Frauenlob (Heinrich von Meissen): Leichs, Sangsprüche, Lieder, hrsg. von KARL STACKMANN und KARL BERTAU, Tl. 1: Einleitungen, Texte, Abhandlungen der Akademie der Wissenschaften in Göttingen. Philologisch-historische Klasse, 3. Folge, 119, Göttingen 1981, S. 340 – 344.

26 ACHIM AURNHAMMER: Zum Hermaphroditen in der Sinnbildkunst der Alchemisten, in: MEINEL: Alchemie (s. Anm. 14), S. 179 – 200, hier S. 180 f.

27 In der Forschung umstritten ist freilich die Frage, wie es zu der unverkennbaren strukturellen Übereinstimmung der Vision im Minneleich und der alchemischen

Abb. 7: Alchemischer Hermaphrodit im Buch der Heiligen Dreifaltigkeit. HAB Wolfenbüttel: Cod. Guelf. 188 Blank, fol. 96r

Seit dem 17. Jahrhundert bilden Bühnenwerke einen weiteren Bereich für die Thematisierung von Alchemie und Alchemisten, vielfach in satirischer Absicht. Die Allegorie der Alchemie, die 1640 am Hof von Savoyen als *Ballet des Alchimistes* aufgeführt wurde, und bei der Hermes Trismegistos und 14 berühmte Alchemisten der verschiedenen Nationen auftraten, wollte offenbar das vergebliche Streben der Goldsucher ins Lächerliche ziehen: »[S]ous une plaisante Allegorie on se moqua de ces chercheurs de Pierre Philosophale, qui pretendent faire de l'Or.«[28] Überhaupt gerät die Figur des Alchemisten auf der Bühne zum Zerrbild in dem Maße, wie die Alchemie von der Chemie abgelöst und in den Bereich der privaten Passion abgedrängt wird. Das 1681 in Paris aufgeführte Stück *La pierre philosophale* von Thomas Corneille und Jean Donneau de Visé ist eine Satire auf Alchemisten, Rosenkreuzer und Kabbalisten. Es enthält im vierten Akt ein Spiel im Spiel, das dem Alchemisten Maugis eine Vermählung der Elemente vorgaukelt, die durch die Elementargeister vertreten werden. Marc-Antoine Charpentier hat die Musik zu diesen auf Versatzstücken alchemischen Wissens beruhenden Passagen komponiert, darunter einen »chœur des quatre éléments«.[29]

Rein akzidentiell ist der Zusammenhang von Georg Friedrich Händels Musik mit einer Londoner Aufführung von Ben Jonsons Komödie *The Alchemist* im Jahr 1710, denn sie besteht aus Instrumentalsätzen, die nicht eigens zu diesem Anlass komponiert, sondern aus seiner frühen italienischen Oper *Rodrigo* (Florenz 1707) übernommen wurden.[30] Von den nicht wenigen Alchemisten-Singspielen und -Opern seit dem 18. Jahrhundert seien hier auswahlweise genannt August Gottlieb Meißners *Der Alchymist* (1778; auch *Der Liebesteufel, oder der Alchymist* nach der Vorlage *L'amour diable* von

Ikonographie kommt. Vgl. THOMAS BEIN: *Sus hup sich ganzer liebe vrevel.* Studien zu Frauenlobs Minneleich, Europäische Hochschulschriften, Reihe I: Deutsche Sprache und Literatur 1062, Frankfurt a. M. 1988, S. 179 – 208; RALF-HENNING STEINMETZ: Liebe als universales Prinzip bei Frauenlob. Ein volkssprachlicher Weltentwurf in der europäischen Dichtung um 1300, Münchener Texte und Untersuchungen 106, Tübingen 1994, S. 79 – 81.

28 [CLAUDE-FRANÇOIS MENESTRIER:] Des Ballets Anciens Et Modernes Selon Les Regles Du Theatre, Paris: René Guignard 1682, S. 81. Am Pariser Jesuitenkolleg wurde ein *Ballet de la Curiosité* aufgeführt, bei dem *Chimie* zusammen mit *Sortileges*, *Magie* und *Superstition* als Allegorien der gefährlichen Neugier auftreten; ebd., S. 67 f.

29 Der Text blieb ungedruckt. Szenario: [THOMAS CORNEILLE, JEAN DONNEAU DE VISÉ:] La Pierre Philosophale. Comedie Melee de Spectacle, Paris: Claude Blageart 1681. Vgl. HUGH W. HITCHCOCK: Les œuvres de Marc-Antoine Charpentier. Catalogue raisonné, Paris 1982, S. 377; DIDIER KAHN: L'alchimie sur la scène française aux XVIe et XVIIe siècles, in: Chrysopœia 2 (1988), S. 62 – 96, hier S. 66 – 76.

30 Vgl. CURTIS A. PRICE: Handel and The Alchemist. His First Contribution to the London Theatre, in: The Musical Times 116 (1975), S. 787 f.

Marc-Antoine Legrand), der sowohl von Johann André als auch von Joseph Schuster vertont wurde,[31] sowie *Der Alchimist* des vielseitigen Franz von Pocci auf ein Libretto von Ludwig Koch, der 1840 in Gegenwart des bayerischen Königspaares im Haus des Architekten Leo von Klenze aufgeführt wurde.[32] Auf der Novelle *The Student of Salamanca* (aus *Bracebridge Hall*) von Washington Irving beruht Louis Spohrs romantische Oper *Der Alchymist*, die 1830 in Kassel uraufgeführt wurde und 2009 – allerdings in neuer Textfassung – am Staatstheater Braunschweig eine Wiederaufführung erlebte.[33] Wenn auch die alchemische Motivik der literarischen Vorlage im Libretto von Karl Pfeiffer deutlich zurückgenommen wurde, verarbeitete Spohr kompositorisch im musikalischen Thema der Titelfigur Don Felix de Vasquez Motive der Alchemie.[34]

Ein innigeres Verhältnis als in diesen dem Typus des Alchemisten gewidmeten musikalischen Komödien gehen Alchemie und Musik in solchen Werken ein, deren Handlung mit alchemischer Symbolik verwoben ist. Mit *Der Stein der Weisen oder Die Zauberinsel*, einem Märchen-Singspiel aus der Feder von Emanuel Schikaneder (nach Christoph Martin Wieland), hatte am 11. September 1790 im Wiener Theater auf der Wieden das Vorgängerwerk der *Zauberflöte* seine Premiere. Das Werk ist eine Gemeinschaftsarbeit mehrerer Komponisten, darunter auch Wolfgang Amadé Mozart. Praktische Alchemie spielt darin keine Rolle: Der Stein der Weisen ist der Streitgegenstand zwischen den dunklen und den guten Mächten. Der Vater der beiden Söhne Astromonte und Eutifronte ist ein Magier, der im Besitz des »geheimnüßvollen, und alles vermögenden« Steins ist. Er will ihn seinem Erstgeborenen Eutifronte vererben, worüber es zum Streit zwischen den ungleichen Brüdern kommt, sodass der Stein für beide verloren geht, weil der Vater beschließt, ihn von einem Adler »in den Pallast des Geisterkönigs« entführen zu lassen.[35] Es mangelt schließlich auch nicht an alchemischen

31 AUGUST GOTTLIEB MEISSNER: Operetten. Nach dem Französischen, Leipzig: Dykische Buchhandlung 1778. Vgl. AXEL BEER, GERTRAUT HABERKAMP: Art. »André, Johann«, in: ²MGG, Personenteil, Bd. 1, 1999, Sp. 654–658, hier Sp. 656; ADRIAN KUHL: *Der Alchymist oder Der Liebesteufel* – Joseph Schuster als Singspielkomponist, in: GERHARD POPPE, STEFFEN VOSS (Hrsg.): Joseph Schuster in der Musik des 18. Jahrhunderts, Forum Mitteldeutsche Barockmusik 4, Beeskow 2015, S. 193–216.

32 Vgl. SIGRID VON MOISY: Franz Graf Pocci (1807–1876). Schriftsteller, Zeichner, Komponist unter drei Königen, München 2007, S. 53.

33 Vgl. WOLFRAM BODER: Die Kasseler Opern Louis Spohrs. Musikdramaturgie im sozialen Kontext, Textbd., Kassel 2007, S. 93–96 u. 202–271.

34 Ebd., S. 206.

35 DAVID J. BUCH, MANUELA JAHRMÄRKER (Hrsg.): Schikaneders heroisch-komische Oper *Der Stein der Weisen* – Modell für Mozarts *Zauberflöte*. Kritische Ausgabe des Textbuches, Göttingen 2002, S. 52. Vgl. DAVID J. BUCH: *Der Stein der Weisen*, Mozart, and

Deutungen der Mozart'schen *Zauberflöte* (Wien 1791) selbst. Vermittelt über freimaurerisch-rosenkreuzerisches Ritual und Gedankengut waren Mozart und sein Librettist Schikaneder zweifellos mit der Symbolik einer auf seelische Läuterung zielenden alchemischen Esoterik vertraut.[36]

2. Alchemie in musikalischer Gestalt

Neben der Praxis der Verklammerung von Alchemie und Musik, bei der die Alchemie immer Objekt der Betrachtung bleibt, formuliert bereits im 15. Jahrhundert Thomas Norton in seiner Lehrdichtung *Ordinal of Alchemy* die Vorstellung, dass Alchemie nach musikalischen Prinzipien zu betreiben sei. In Bezug auf die Herstellung des Steins der Weisen heißt es dort:

> Ioyne your elementis Musicallye,
> For ij causis: one is for melodye
> whiche theire accordis wil make to your mynde
> The trewe effecte when þat ye shalle fynde.
>
> Füg zusammen dein Element
> Fein *Musicè*, zu diesem End/
> Als wegen zweyer Vrsach hie/
> Wegen der einen Melodi/
> Welche gantz lieblich/ mit der That/
> Ihre Zusammenstimmung hat.[37]

Das älteste bekannte Beispiel einer musikalisch konzipierten Alchemie liegt in dem gregorianischen Choral *En pulcher lapis noster* vor, der aufgrund der Überlieferungskontexte dem im 14. Jahrhundert wirkenden Alchemisten Jo-

Collaborative Singspiels at Emanuel Schikaneder's Theater auf der Wieden, in: Mozart-Jahrbuch, 2000, S. 91–126.

36 Vgl. ALFONS ROSENBERG: Die Zauberflöte. Geschichte und Deutung von Mozarts Oper, München ²1972, S. 155–162; DOROTHY KOENIGSBERGER: A New Metaphor for Mozart's *Magic Flute*, in: European History Quarterly 5 (1975), S. 229–275; DAGMAR HOFFMANN-AXTHELM: Mozart und die Alchemie. Zur musikalischen Gestaltung von Entwicklungsprozessen, in: PETER REIDEMEISTER, VERONIKA GUTMANN (Hrsg.): Alte Musik. Praxis und Reflexion, Winterthur 1983, S. 358–376; MATHEUS FRANCISCUS MARIA VAN DEN BERK: The Magic Flute. Die Zauberflöte. An Alchemical Allegory, Leiden-Boston 2004; JAN ASSMANN: Die Zauberflöte. Oper und Mysterium, München-Wien 2005; HELMUT REINALTER: Art. »Freimaurerei und Mozart«, in: GERNOT GRUBER, JOACHIM BRÜGGE (Hrsg.): Das Mozart-Lexikon, Das Mozart-Handbuch 6, Laaber 2005, S. 215–220.

37 THOMAS NORTON: Ordinal of Alchemy, hrsg. von JOHN REIDY, Early English Text Society 272, London-New York-Toronto 1975, S. 53. Deutsche Übersetzung in: Chymischer Tractat Thomae Nortoni eines Engelländers/ Crede Mihi seu Ordinale genandt, übers. von DANIEL MEISNER, Frankfurt a. M.: Lukas Jennis 1625, S. 133.

Abb. 8: Antiphon ›En pulcher lapis noster‹ des Johannes von Teschen. New Haven, Beinecke Rare Book & Manuscript Library: MS Mellon 5, fol. 2ʳ

hannes von Teschen zuzuschreiben ist. Der Text ist mehrfach überliefert, die Melodie der Antiphon findet sich jedoch nur in einer um 1400 entstandenen Handschrift (Abb. 8), die sich heute in der Beinecke Library New Haven befindet (MS Mellon 5, fol. 2^r – 3^v).[38]

Über vier Seiten ist der einstimmige Gesang in Hufnagelschrift auf fünf Linien notiert und mit einem lateinischen Text unterlegt. Die durchkomponierte Form ohne Textwiederholungen entspricht in der Liturgie der heiligen Messe dem Soloteil eines Offertoriums, dem Gesang bei der Darbringung der Opfergaben.[39] Von dem – allerdings außerordentlich dunklen – Text her wird diese liturgische Deutung gestützt.

Die alchemischen Schriften des Johannes von Teschen haben durch ihre theologische Prägung und ihre Betonung einer Triade von *corpus, anima* und *spiritus* eine enge inhaltliche Verwandtschaft mit dem zeitgenössischen *Buch der Heiligen Dreifaltigkeit*, wo alchemischer Prozess und christliche Heilsgeschichte in Analogie gesetzt werden. Mit einem rhetorischen Zeigegestus eröffnet die Antiphon das alchemische Thema und charakterisiert den Stein der Weisen als eine dreifache Blüte in den Farben Weiß, Gelb und Rot: »Siehe unseren schönen Stein, befestigt vom dreifachen Scharfsinn der Kunstfertigen, | weiße, gelbe und rote Blüte. | Ihn preist die einzigartige Schar der Philosophen« (»En pulcher lapis noster triplici fulcitus acie solertum, | flos candidus, citrinus et rubicundus, | quem phylosophorum turma laudat singularis«, fol. 2^r). Die Farbentrias bildet in der Alchemie die farbigen Phasen bei der Darstellung des Steins der Weisen (*albedo, citrinitas* und *rubedo*) und zeigt die drei Abstufungen der Vollkommenheit des Steins an.[40] Die ganze Komposition ist von dieser Maßgabe her zu verstehen. Zugleich charakterisieren die Farben Rot und Weiß den Geliebten des Hohenliedes (»dilectus meus candidus et rubicundus«, Hoheslied 5,10), der in der mittelalterlichen Exegese auf Christus hin gedeutet wird. Bernhard von Clairvaux (um 1090 – 1153) erklärt in einer Predigt: Wenn nach Jesaja 11,1 Maria das Reis aus der Wurzel Jesse ist, dann ist Christus die Blüte. Er nennt ihn dementsprechend »weiße und rote Blüte« (»Quoniam Virgo Dei genitrix virga est, flos Filius eius. Flos utique Virginis Filius, flos candidus et rubi-

38 Nur Text: Fulda, Hessische Landesbibliothek, Hs. C 14a, fol. 124^v – 125^v; Florenz, Biblioteca Riccardiana, Ms. 1165 [L. III. 34], fol. 95. Vgl. JOACHIM TELLE: Art. »Johannes von Teschen«, in: KURT RUH (Hrsg.): Die deutsche Literatur des Mittelalters. Verfasserlexikon, 2., völlig neu bearb. Aufl., Bd. 4, Berlin – New York 1983, Sp. 774 – 776; MEINEL: Alchemie und Musik (s. Anm. 14), S. 209 – 211.

39 Vgl. PETER WAGNER: Einführung in die Gregorianischen Melodien. Ein Handbuch der Choralwissenschaft, Bd. 1, Leipzig ³1911, S. 106 – 113; JOSEPH DYER: Art. »Offertorium. A. Einstimmiges Offertorium«, in: ²MGG, Sachteil, Bd. 7, 1997, Sp. 581 – 588.

40 Vgl. CLAUS PRIESNER: Art. »Farben«, in: DERS., KARIN FIGALA (Hrsg.): Alchemie. Lexikon einer hermetischen Wissenschaft, München 1998, S. 131 – 133.

cundus, electus ex millibus«, *In adventu Domini sermo* II, 4).[41] Die Antiphon setzt den Stein der Weisen mit Christus gleich und ergänzt hier lediglich die gelbe Farbe zur Dreiheit. Die Christus-Lapis-Analogie, die von der neutestamentlichen Rede von Christus als dem Eck- oder Schlussstein (»lapis angularis«, Epheser 2,20) gestützt wird, ist in der Alchemie ein verbreitetes Motiv, das Naturkunde und Spiritualität aufs Engste miteinander verflicht.[42] Näherhin beschreibt die Antiphon die Darstellung des Steins der Weisen in kühnen Bildern, die indessen immer wieder auf die Begrifflichkeiten der scholastischen Transzendentalienlehre zurückgreifen und Anklänge an trinitarische Theologie zu erkennen geben. So ist hier die Rede von einer Aufwärtsbewegung und von einem Vereinigungsgeschehen, die Gottvater als »mit der Stimme donnernd in der Höhe« (»uoce tonans in altum«), Gottsohn als »Mittler« (»mediator filius«)[43] und Heiligen Geist als »beider Band« (»ambarum nexus«)[44] einschließt und auf die hypostatische Union zielt: »Der Scharfsinn betrachtet die göttliche Einheit, die von der Vorsehung des Schöpfers bei der Erhöhung aus dreien zu einem gestaltet wird« (»Contemplans [scil. acies] vnionem diuinam ex tribus vnum in eleuatione formatum plasmatoris prouidentia«, fol. 3^{r-v}). Wenn nun am Ende der Antiphon eine Gegenbewegung einsetzt, indem es vom *lapis* heißt: »begierig, Leib zu werden, stürzt aus der Höhe ins Tal das Zeichen« (»in uallem ab alto ruit rursus cupiens corporari signum«, fol. 3^{v}), so liegt darin eine Beschreibung der Inkarnation Christi vor, die schließlich in ein sakramentales Geschehen mündet: Bei einer alchemischen Eucharistie bereitet der *lapis* oder Christus »Freuden auf dem Tisch« oder Altar (»prestans gaudia [...] in mensa«, fol. 3^{v}).

Eine vollständige Messe mit alchemischem Inhalt stammt von dem Siebenbürger Melchior Cibinensis aus dem frühen 16. Jahrhundert (Abb. 9).[45]

41 BERNHARD VON CLAIRVAUX: Sämtliche Werke, lateinisch/deutsch, hrsg. von GERHARD B. WINKLER, Bd. 7, Innsbruck 1996, S. 82.

42 Vgl. GERHART B. LADNER: The Symbolism of the Biblical Corner Stone in the Mediaeval West, in: DERS.: Images and Ideas in the Middle Ages. Selected Studies in History and Art, Bd. 1, Storia e letteratura 155, Rom 1983, S. 171–196; C. G. JUNG: Gesammelte Werke, Bd. 12: Psychologie und Alchemie, Olten-Freiburg i. Br. [4]1984, S. 394–491.

43 Vgl. 1. Timotheus 2,5: »unus enim Deus unus et mediator Dei et hominum homo Christus Iesus«.

44 So mehrfach bei Thomas von Aquin; vgl. Super epistolas S. Pauli Lectura, hrsg. von RAPHAEL CAI, Bd. 2, Turin-Rom 1953, S. 165: »spiritus sanctus, qui est nexus amborum [scil. Patris et Filii]«.

45 NICOLAUS MELCHIOR CIBINENSIS: Processu[s] Sub Forma Missae, in: Nicolaus Barnaudus: Commentariolum in Aenigmaticum Quoddam Epitaphium, Bononiae Studiorum, Ante multa secula Marmoreo lapidi insculptum, Leiden: Thomas Basson 1597, S. 37–41. Vgl. FARKAS GÁBOR KISS, BENEDEK LÁNG, COSMIN POPA-GORJANU: The Al-

Abb. 9: Autorenemblem des Melchior Cibinensis, in: Michael Maier: Symbola Aureae Mensae Duodecim Nationum, Frankfurt a. M. 1617, S. 509. HAB Wolfenbüttel: 46 Med. (1)

Sein *Processus sub forma missae* bietet das Formular einer Messe mit den entsprechenden Lesungen, priesterlichen Gebeten und Chorgesängen des Propriums, während – mit den Ausnahmen eines tropierten Kyrie und der Entlassung – die gleichbleibenden Teile aus dem Ordinarium wie in einem Missale nicht aufgeführt werden. Insbesondere die Präfation und das eucharistische Hochgebet selbst sind in dem Formular nicht enthalten. Die Texte sind wie in der authentischen Liturgie biblisch oder stilistisch stark von liturgischem Formelgut durchdrungen, aber mit alchemischen Inhalten versehen. Das Tagesgebet, das sich in der Anrede »Deus largitor totius bonitatis [...]« an Gebete des Missale anlehnt,[46] enthält eine Anamnese, mit der Gott dafür gedankt wird, dass er dem Famulus nicht aufgrund seiner Verdienste, sondern aus Gnade das »Licht der heiligen alchymischen Kunst« verliehen hat (»qui [...] famulo tuo N. N. non suis meritis praecedentibus:

chemical Mass of Nicolaus Melchior Cibinensis. Text, Identity and Speculations, in: Ambix 53 (2006), S. 143–159; CRISTINA NEAGU: The *Processus sub forma Missae* and Nicolaus Olahus, in: Studi Umanistici Piceni 29 (2009), S. 387–395.

46 PLACIDUS BRUYLANTS: Les oraisons du Missel Romain. Texte et histoire, Bd. 2, Études liturgiques 1, Louvain 1952, S. 73 (Nr. 240): »Deus, omnium largitor bonorum«.

Sed tua ineffabili pietate, & gratia praeveniente, lumen sacrae artis alchymicae inspirasti«, S. 38). Als Offertorium dient nicht zufällig der Psalmvers »Lapidem quem reprobaverunt aedificantes [...]« (Psalm 117,22 – 23), der wie bei Johannes von Teschen Christus mit dem Stein der Weisen in Beziehung setzt. Den eigentlichen alchemischen Prozess beschreibt eine dem Evangelium vorausgehende Sequenz, die mit der Vereinigung von Sol und Luna beginnt: »Sei gegrüßt, o schöner Glanz des Himmels, strahlendes Licht der Welt; hier wird geschmiedet, wenn du dich mit Luna verbindest, das Band des Mars, die Vereinigung des Merkurs« (»Salve, O caeli iubar speciosum, mundi lumen radiosum; hic cum luna copularis, fit copula martialis, mercurijque coniunctio«, S. 39). Sie mündet über mehrere Stufen in der Darstellung des *lapis philosophorum* (»Ecce res est una, radix una, essentia una«, S. 40). An eine musikalische Realisierung dieser alchemischen Messe muss der Verfasser zumindest gedacht haben, denn einige gesungene Teile wie der Introitus und die Sequenz sind mit Melodieangaben versehen. Der Introitus mit dem Text »Die Grundlage der Kunst ist die Auflösung der Materie [...]« wird mit der bis heute im römischen Graduale stehenden Melodie »Gaudeamus« gesungen (»Introitus missae, sub tono, gaudeamus, etc., erit cantandus. Fundamentum vero artis est corporum solutio [...]«, S. 37).[47] Das Modell für die alchemische Sequenz bilden Text und Melodie von *Ave, praeclara maris stella* des Hermann von Reichenau (1013 – 1054).[48] Auf diese Weise ließen sich stückweise die Gesänge dieser Messe noch weiter rekonstruieren und aufführen. Die Musik ist hier wie in der Antiphon des Johannes von Teschen das Medium, das den naturkundlichen mit dem spirituellen Gehalt der Alchemie in Beziehung setzt: Die Wandlung der eucharistischen Gestalt bei der Messe bewahrheitet die Transmutation der unedlen Materie in Gold und umgekehrt.

Die Verbindung von Liturgie und Alchemie bildet auch eine Grundlage für den singulären Fall der 50 alchemischen Kompositionen in dem 1618 erschienenen Emblembuch *Atalanta fugiens* des Arztes und Alchemisten Michael Maier.[49] Die Kombination von Text und Bild wird hier durch die Mu-

47 Der Introitus »Gaudeamus« in: Graduale Sacrosanctae Romanae Ecclesiae de tempore et de sanctis SS. D. N. Pii X. Pontificis Maximi jussu restitutum et editum [...] et rhythmicis signis a Solesmensibus Monachis diligenter ornatum, Paris – Tournai – Rom 1924, S. 414 (S. Agathae, 5. Februar) u. ö.

48 Text: Analecta Hymnica, Bd. 50, Leipzig 1907, S. 313 – 315 (Nr. 241); Melodie: ANSELM SCHUBIGER: Die Sängerschule St. Gallens vom achten bis zwölften Jahrhundert. Ein Beitrag zur Gesanggeschichte des Mittelalters, Einsiedeln – New York 1858, Exempla, S. 52 – 54 (Nr. 56).

49 MICHAEL MAIER: Atalanta Fugiens, hoc est, Emblemata Nova De Secretis Naturae Chymica, Oppenheim: Hieronymus Galler für Johann Theodor de Bry 1618; Faks.-

sik zur Multimedialität erweitert. Die 50 Kapitel der *Atalanta* bestehen aus jeweils einem Emblem, einer Komposition, die das lateinische Epigramm vertont, und einem zweiseitigen »Discursus« in lateinischer Prosa. Der Titel sowie die Form der Motetten greifen einen Ovid'schen Mythos auf (*Metamorphosen* X, 560–680): Atalanta, die schnellste Läuferin Griechenlands, hat sich ewige Jungfräulichkeit geschworen und verspricht, sich nur demjenigen Freier zu vermählen, der sie im Wettlauf besiegt. Mehrere Bewerber verlieren bei diesem Verfahren ihr Leben, bis Hippomenes dank einer List die Läuferin überholen kann. Er lässt während des Laufs drei goldene Äpfel fallen, nach denen sich Atalanta bückt.

Die Motetten sind dreistimmig als *fuga*, nämlich als zweistimmiger Kanon, über einen *cantus firmus* komponiert, wobei in den drei Stimmen jeweils der Mythos repräsentiert ist: Der Dux, die erste Stimme, vertritt die vorauseilende Atalanta, der Comes, die zweite Stimme, steht für den sie verfolgenden Hippomenes, und der *cantus firmus*, die melodisch gleichbleibende dritte Stimme, bildet den Apfel ab, der die Flüchtende aufhält.[50] Alchemisch geht es immer darum, dass das flüchtige Quecksilber vom philosophischen Schwefel mit dem goldenen Apfel fixiert wird. Aber die *Atalanta fugiens* ist kein narratives oder logisch-diskursives Werk, sondern eine Aneinanderreihung von einzelnen Meditationsbildern, die vom Leser nicht sukzessive Lektüre, ganz zu schweigen von Laborpraxis, sondern vielmehr andächtige Versenkung verlangt.

Die Embleme selbst stehen in keinem Zusammenhang mit dem Atalanta-Mythos. Die Allegorien sind konzeptistisch gesucht, wie beispielsweise die Kröte, die mit Muttermilch genährt wird (Abb. 10). Die Bildlichkeit ist in die Vorstellung vom alchemischen Prozess als Zeugung und Wachstum aufzulösen: Die Kröte repräsentiert den Stein der Weisen, der zwar Stein heißt, aber keine offenkundige Materie darstellt. Die mediale Totalität der *Atalanta* will für solche Entschlüsselungsprozesse mehrere Sinne ansprechen und auf diesem Wege alchemisch-naturkundliche Erkenntnisse in den Verstand einschreiben. Das ist anders als vielfach angenommen keine neuplatonische, sondern eine aristotelische Vorstellung, die sich entschieden abgrenzt von

Druck, hrsg. von LUCAS HEINRICH WÜTHRICH, Kassel–Basel 1964. Vgl. H. M. E. DE JONG: Michael Maier's Atalanta Fugiens. Sources of an Alchemical Book of Emblems, Janus Suppléments 8, Leiden 1969; HEREWARD TILTON: The Quest for the Phoenix. Spiritual Alchemy and Rosicrucianism in the Work of Count Michael Maier (1569–1622), Arbeiten zur Kirchengeschichte 88, Berlin–New York 2003.

50 Vgl. PAUL P. RAASVELD: Michael Maiers *Atalanta fugiens* (1617) und das Kompositionsmodell in Johannes Lippius' *Synopsis musicae novae*, in: ALBERT CLEMENT, ERIC JAS (Hrsg.): From Ciconia to Sweelinck. Donum natalicium Willem Elders, Chloe 21, Amsterdam–Atlanta 1994, S. 355–367.

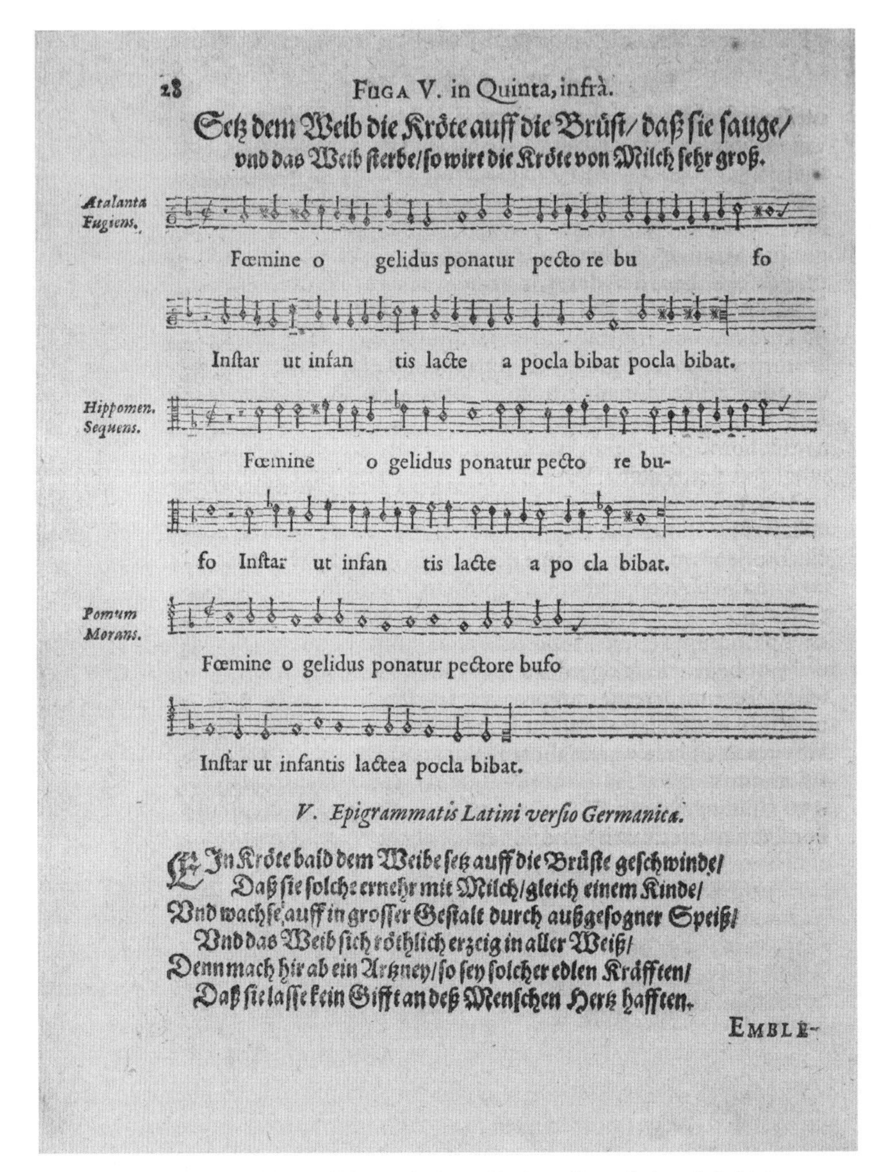

28 FUGA V. in Quinta, infrà.

Setz dem Weib die Kröte auff die Brüſt/ daß ſie ſauge/ vnd das Weib ſterbe/ ſo wirt die Kröte von Milch ſehr groß.

Atalanta Fugiens.

Fœmine o gelidus ponatur pecto re bu ſo

Inſtar ut infan tis lacte a pocla bibat pocla bibat.

Hippomen. Sequens.

Fœmine o gelidus ponatur pecto re bu-

ſo Inſtar ut infan tis lacte a po cla bibat.

Pomum Morans.

Fœmine o gelidus ponatur pectore buſo

Inſtar ut infantis lactea pocla bibat.

V. Epigrammatis Latini verſio Germanicæ.

EIn Kröte bald dem Weibe ſetz auff die Brüſte geſchwinde/
Daß ſie ſolche ernehr mit Milch/ gleich einem Kinde/
Vnd wachſe auff in groſſer Geſtalt durch außgeſogner Speiß/
Vnd das Weib ſich röthlich erzeig in aller Weiß/
Denn mach hir ab ein Artzney/ ſo ſey ſolcher edlen Kräfften/
Daß ſie laſſe kein Gifft an deß Menſchen Hertz hafften.

EMBLE-

Abb. 10a: Emblem V, in: Michael Maier: Atalanta Fugiens, Oppenheim 1618, fol. D2ᵛ. HAB Wolfenbüttel: 196 Quod. (1)

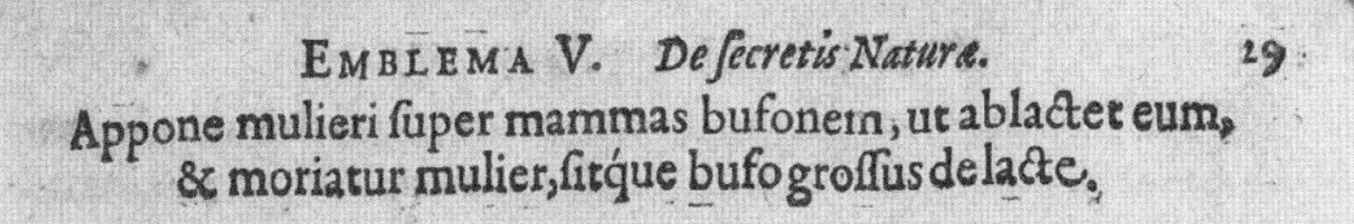

EMBLEMA V. *De ſecretis Naturæ.* 29

Appone mulieri ſuper mammas bufonem, ut ablactet eum, & moriatur mulier, ſitque bufo groſſus de lacte.

EPIGRAMMA V.

Foemineo gelidus ponatur pectore Bufo,
Inſtar ut infantis lactea pocla bibat.
Creſcat & in magnum vacuata per ubera tuber,
Et mulier vitam liquerit ægra ſuam.
Inde tibi facies medicamen nobile, virus
Quod fuget humano corde, levétque luem.

D 3 TOTA

Abb. 10b: Emblem V, in: Michael Maier: Atalanta Fugiens, Oppenheim 1618, fol. D3ʳ. HAB Wolfenbüttel: 196 Quod. (1)

der platonischen Inspirationstheorie, die im Hintergrund von Khunraths Oratorium-Laboratorium steht.[51]

Der Musik kommt dabei nicht zuletzt die Funktion einer Rückbindung alchemischer Naturerkenntnis an die Theologie zu, wie sie schon beim Zusammenhang von Alchemie und Liturgie zu sehen war. Maier verwendet als *cantus firmus* ein Melodieversatzstück aus der heiligen Messe, aus dem Kyrie der Festtagsmesse *Cunctipotens genitor Deus*.[52] Der Apfel, der Hippomenes das Leben rettet, wird somit mit Christus gleichgesetzt. Überdies beruhen Maiers Kompositionen auf einer 1612 von Johannes Lippius beschriebenen Methode, die vereinfacht gesagt darin besteht, Dreiklänge über den Tönen des *cantus firmus* zu bilden, ohne dass man dafür musiktheoretische Kenntnisse oder gar Kontrapunktregeln beherrschen müsste. Den Dreiklang verstand Lippius als musikalisches Abbild des dreifaltigen Gottes.[53]

Die musikalische Verklammerung der Alchemie mit der Theologie geschieht auch in einer Reihe »philosophischer Lieder«, die seit dem späten 16. Jahrhundert überliefert sind.

Heinrich Khunrath gab seinem alchemischen Glaubensbekenntnis *Naturgemes-Alchymisch Symbolum* (1598) anhangsweise »Ein Philosophisch Lied, Von Saltz-Leibwerdung deß Geists deß Herrn« bei, das eine Kontrafaktur von Luthers Weihnachtslied *Gelobet seist du, Jesu Christ* darstellt und die alchemische Salzgewinnung mit der Inkarnation parallelisiert:

> Gelobet seistu GOTTES Geist/
> daß du SALTZ-LEIB worden bist/
> In Jungfrewlichem Weltbauch das ist wahr/
> deß frewet sich der Weysen schar/
> Kyrieleison.[54]

51 Vgl. VOLKHARD WELS: Poetischer Hermetismus. Michael Maiers *Atalanta fugiens* (1617/18), in: PETER-ANDRÉ ALT, VOLKHARD WELS (Hrsg.): Konzepte des Hermetismus in der Literatur der Frühen Neuzeit, Berliner Mittelalter- und Frühneuzeitforschung 8, Göttingen 2010, S. 149 - 194, hier S. 156.

52 Graduale (s. Anm. 47), S. 15* (In Festis Duplicibus I). Vgl. RAASVELD: Atalanta (s. Anm. 50), S. 359.

53 Vgl. RAASVELD: Atalanta (s. Anm. 50), S. 366.

54 HEINRICH KHUNRATH: Naturgemes-Alchymisch Symbolum, oder/ gahr kurtze Bekentnus, Hamburg: Philipp von Ohr für Heinrich Binders Erben 1598, S. [24]; Text und Melodie der Vorlage in: Luthers geistliche Lieder und Kirchengesänge. Vollständige Neuedition in Ergänzung zu Band 35 der Weimarer Ausgabe, hrsg. von MARKUS JENNY, Archiv zur Weimarer Ausgabe der Werke Martin Luthers 4, Köln - Wien 1985, S. 165: »Gelobet seyestu Jhesu Christ, | das du mensch geboren bist | Von ainer jungfrau, das ist war; | des fröuet sich der engel schar. | Kyrieleys.« Vgl. ULRIKE KUMMER: Alchemie und Kontrafaktur. Bemerkungen zu Heinrich Khunraths *Symbolum* (1598), in: Daphnis 41 (2012), S. 565 - 580.

Weitere Beispiele für »philosophische Lieder« bieten die Beigaben zur *Thesaurinella Olympica aurea tripartita* des Paracelsisten Benedictus Figulus: »Carmina auff das Philosophische Werck/ von vnserer Anima, Seel/ Leib vnd Geist« und »H. Georgen Füegers Gesang/ von der Materia Prima, vnd L. Philosophorum, &c. auch von der edlen Alchymia«.[55] Christoph von Hirschenbergs Dichtung *Vom philosophischen Rosengarten* (um 1583) ist als handschriftlicher Anhang zu einem Sammelband der Herzog August Bibliothek, der u.a. die *Thesaurinella* enthält (22.1 Med.), unter dem Titel »Ein schön Philosophisch Lied, von eigenschafft des Lapidis Philosophorum, vnd zweyer Particularum« überliefert.[56] Ein alchemisches Singspiel hat sich im *Conjugium Phoebi et Palladis* erhalten, das Christian Knorr von Rosenroth 1677 anlässlich der Hochzeit von Kaiser Leopold I. mit Eleonora Magdalena Theresia von Pfalz-Neuburg als Schauspiel mit Gesang und Balletten verfasste. Die Musik dazu ist leider nicht überliefert.[57]

Insbesondere in der Dichtung des 17. Jahrhunderts wurden die Alchemie und ihre Bildlichkeit poetisch produktiv, wie sich etwa in den Sonetten von Shakespeare sehen lässt. Im 119. Sonett beispielsweise fragt sich der Dichter: »What potions haue I drunke of *Syren* teares, | Distil'd from Lymbecks foule as hell within« (»Welch Tränke hab ich getrunken aus Sirenentränen, | in Alembiken destilliert, faul im Innern wie die Hölle«).[58] Jenseits solcher motivischen Einsprengsel ist insbesondere die poetische Bildwelt der *metaphysical poets* John Donne, George Herbert und Andrew Marvell tief von einem alchemischen Denkstil durchdrungen.[59] Das ist keineswegs immer auf

55 BENEDICTUS FIGULUS: Thesaurinella Olympica aurea tripartita. Das ist: Ein himmlisch güldenes Schatzkämmerlein, Frankfurt a.M.: Wolfgang Richter für Nikolaus Stein 1608, S. 61f. u. 213–216.

56 Abdruck dieser Erstfassung auch in: I. P. S. M. S.: Alchimia Vera, Das ist: Der wahren vnd von Gott hochbenedeyten/ Natur gemessen Edlen Kunst Alchimia wahre beschreibung, o.O. u. Dr. 1604, S. 52–57. Ausgabe und Untersuchung durch JOACHIM TELLE: Christoph von Hirschenberg, in: DERS.: Alchemie und Poesie. Deutsche Alchemikerdichtungen des 15. bis 17. Jahrhunderts, Bd. 2, Berlin–Boston 2013, S. 557–645.

57 CHRISTIAN KNORR VON ROSENROTH: Conjugium Phoebi & Palladis Oder Die erfundene Fortpflantzung des Goldes/ Chymische Allegorie, hrsg. von Michele Italo Battafarano, Bern 2000.

58 Shakespeares Sonnets Neuer before Imprinted, London: George Eld for Thomas Thorpe 1609, Bl. H1^{v}. Vgl. LINDEN: Darke Hierogliphicks (s. Anm. 1), S. 92f. Weiterführend THOMAS O. JONES: Renaissance Magic and Hermeticism in the Shakespeare Sonnets, Studies in Renaissance Literature 9, Lewiston 1995; MARGARET HEALY: Shakespeare, Alchemy and the Creative Imagination. The Sonnets and *A Lover's Complaint*, Cambridge 2011.

59 Vgl. JOSEPH A. MAZZEO: Notes on John Donne's Alchemical Imagery, in: Isis 48 (1957), S. 103–123; LYNDY ABRAHAM: Marvell and Alchemy, Aldershot 1990.

den ersten Blick erkennbar; so beispielsweise, wenn John Donne in seinem *Holy Sonnet* Nr. 4 (»Oh my black soul [...]«) den alchemischen Prozess und die Erlösung der sündigen Seele in Analogie setzt:

> Oh make thyself with holy mourning black,
> And red with blushing, as thou art with sin;
> Or wash thee in Christ's blood, which hath this might
> That being red, it dyes red souls to white.
>
> Ach, mache dich mit heil'gem Trauern schwarz
> Und rot vor Scham, wie du von Sünde rot bist;
> Oder wasch dich in Christi Blut, welches die Macht hat,
> Obgleich es rot ist, rote Seelen weiß zu färben.[60]

Ein innerseelischer Prozess wird geschildert, der über Trauer und Scham zur Erlösung führt. Diese Seelenzustände werden den Farben Schwarz, Rot und Weiß zugeordnet, die ihrerseits wiederum den drei Phasen Nigredo, Rubedo und Albedo im alchemischen *opus magnum* zur Herstellung des Steins der Weisen entsprechen.

Es gibt erstaunlich wenige zeitgenössische Vertonungen von Gedichten der Metaphysiker. Alfonso Ferraboscos Komposition von Donnes *Expiration* bezieht sich dabei auf einen Text, der keine alchemische Bildlichkeit aufweist.[61] Bemerkenswert ist, dass von George Herbert (1593 – 1633) neben anderen Gedichten immerhin auch *The Elixir* in das 1754 gedruckte Gesangbuch der Englischen Herrnhuter aufgenommen wurde. Bezeichnenderweise ist es dabei so bearbeitet worden, dass Anspielungen auf Alchemisches nicht mehr zu erkennen sind. Am weitesten reicht die Streichung der letzten Strophe, wo von »the famous stone | That turneth all to gold« die Rede ist.[62] George Herberts Gedicht *Easter*, das Tod und Auferstehung des gläubigen Herzens als alchemischen Prozess beschreibt – »That, as his [Christ's] death calcined thee to dust, | His life may make thee gold, and much more

60 JOHN DONNE: The Complete English Poems, hrsg. von A. J. SMITH, London 1996, S. 310.

61 ANDRÉ SOURIS (Hrsg.): Poèmes de Donne, Herbert et Crashaw mis en musique par leurs contemporains Giovanni Coperario, Alfonso Ferrabosco, John Wilson, William Corkine, John Hilton, Paris 1961, S. 8 f.

62 A Collection of Hymns of the Children of God in all Ages, From the Beginning till now. Designed chiefly for the Use of the Congregations in Union with the Brethren's Church, London 1754, S. 215 (Nr. 365); GEORGE HERBERT: The English Poems, hrsg. von HELEN WILCOX, Cambridge 2007, S. 641. Vgl. JOHN SPARROW: George Herbert and John Donne among the Moravians, in: MARTHA WINBURN ENGLAND, JOHN SPARROW: Hymns Unbidden. Donne, Herbert, Blake, Emily Dickinson and the Hymnographers, New York 1966, S. 1 – 28.

just« –,[63] ist erst im 20. Jahrhundert in den *Five Mystical Songs* von Ralph Vaughan Williams zu Musik geworden. John Donnes *Holy Sonnets*, darunter auch »Oh my black soul [...]«, haben durch Benjamin Britten eine kongeniale musikalische Adaption erfahren.

Von den zeitgenössischen Musikern ist den englischen Metaphysikern aber zweifelsohne John Dowland einzureihen. Dowland bereiste 1594/95 Deutschland und weilte in Wolfenbüttel am Hof von Herzog Heinrich Julius von Braunschweig-Lüneburg sowie in Kassel am Hof von Moritz Landgraf von Hessen-Kassel.[64] Er nahm dabei Fühlung mit Fürsten auf, die sich in jener Zeit intensiv mit Alchemie beschäftigt haben.[65] Auch wenn die Urheberschaft der meisten von ihm vertonten Texte ungewiss ist, reiht er sich als Komponist mit seinen Songs in die Ästhetik und Weltsicht der englischen zeitgenössischen Lyrik. Mit den Metaphysikern gemeinsam hat er Anteil am Melancholiekult und an der poetischen Alchemie.[66] So subjektiv modelliert die Ausdrucksintensität in Dowlands Songs erscheint, so fest gegründet ist sein Musikverständnis in der neuplatonischen Tradition, die Musik als kosmologische Wissenschaft begreift. Im *Second Booke of Songs* (1600) spricht er von »Musicke: which is the Noblest of all Sciences: for the whole frame of Nature, is nothing but Harmonie, as wel in soules, as bodies«.[67] Deutlich ist dieses Weltbild repräsentiert in »Deare if you change« aus dem *First Booke of Songs* (Abb. 11) – einem Lied der krisenhaften Verunsicherung, in dem der befürchtete *change* der Geliebten in der zweiten Strophe zu einer imaginierten Transmutation des gesamten Kosmos, vertreten durch die

63 HERBERT: English Poems (s. Anm. 62), S. 139.

64 Vgl. SEBASTIAN KLOTZ: Art. »Dowland, John«, in: ²MGG, Personenteil, Bd. 5, 2001, Sp. 1347–1358, hier Sp. 1348.

65 Vgl. BRUCE T. MORAN: The Alchemical World of the German Court. Occult Philosophy and Chemical Medicine in the Circle of Moritz of Hessen (1572–1632), Sudhoffs Archiv. Beiheft 29, Stuttgart 1991; GABRIELE WACKER: Arznei und *Confect*. Medikale Kultur am Wolfenbütteler Hof im 16. und 17. Jahrhundert, Wolfenbütteler Forschungen 134, Wiesbaden 2013, S. 103–108.

66 Vgl. ANTHONY ROOLEY: New Light on John Dowland's Songs of Darkness, in: Early Music 11 (1983), S. 6–21; ROBIN HEADLAM WELLS: Elizabethan Mythologies. Studies in Poetry, Drama, Music, Cambridge 1994, S. 189–207; KLOTZ: Dowland (s. Anm. 64), Sp. 1354 f.; ANGELA VOSS: »The Power of a Melancholy Humour«. Divination and Divine Tears, in: PATRICK CURRY, ANGELA VOSS (Hrsg.): Seeing with Different Eyes. Essays in Astrology and Divination, Newcastle 2007, S. 143–172.

67 JOHN DOWLAND: The Second Booke of Songs or Ayres, of 2. 4. and 5. parts: With Tableture for the Lute or Orpherian, withe Violl de Gamba, London: Thomas Este / Thomas Morley 1600, Bl. A ii^r.

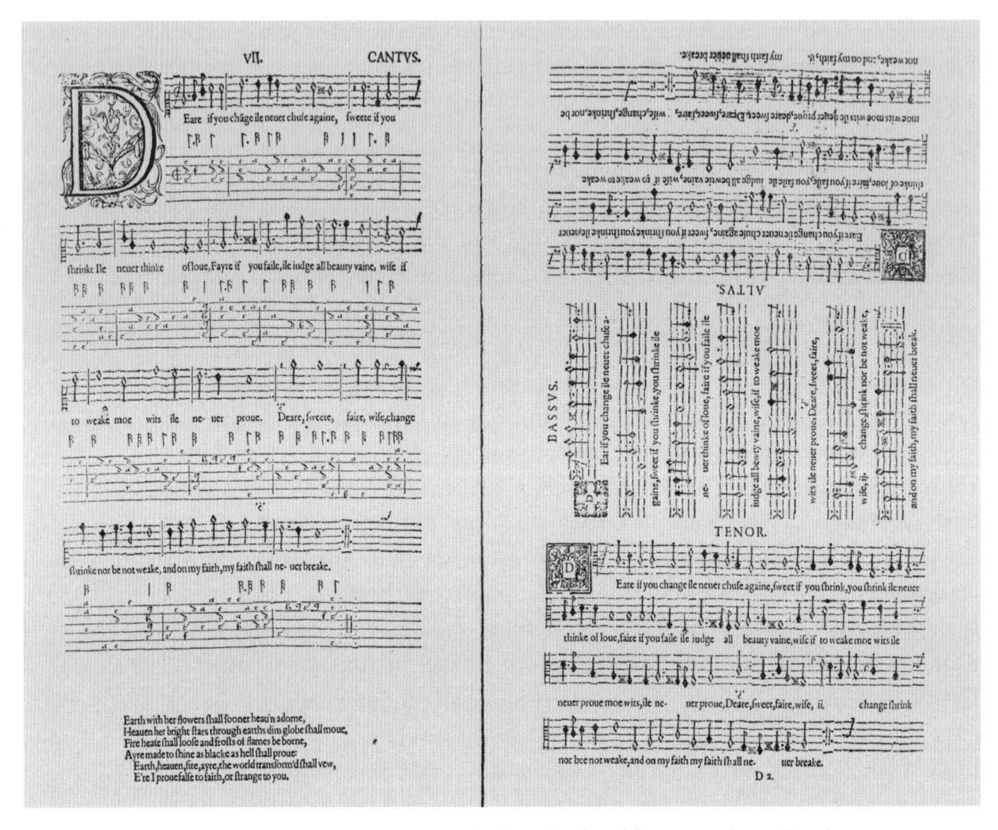

Abb. 11: John Dowland: Deare of you change, in: The First Booke of Songes or Ayres, London 1597. San Marino, Calif., Henry E. Huntington Library and Art Gallery [Digitalisat: Early English Books Online http://eebo.chadwyck.com]

vier Elemente, führt:[68] »Earth, heauen, fire, ayre, the world transform'd shall vew, | E're I proue false to faith, or strange to you.«[69]

Die poetische Alchemie beschränkt sich in der frühen Neuzeit keineswegs auf England. Unter den deutschen Dichtern des 17. Jahrhundert haben Andreas Gryphius, Paul Fleming, Johann Rist, Angelus Silesius, Daniel Casper von Lohenstein und – in ganz besonderer Weise – Philipp von Zesen Anteil daran.[70]

68 Vgl. CHRISTIAN KELNBERGER: Text und Musik bei John Dowland, Passau 1999, S. 76 f.

69 JOHN DOWLAND: The First Booke of Songes or Ayres of fowre partes with Tableture for the Lute, London: Peter Short 1597, Bl. D i^{v}.

70 Vgl. HANS-GEORG KEMPER: Deutsche Lyrik der frühen Neuzeit, Bd. 3: Barock-Mystik; Bd. 4/I: Barock-Humanismus. Krisen-Dichtung; Bd. 4/II: Barock-Humanismus. Liebeslyrik, Tübingen 1988–2006; MAXIMILIAN BERGENGRUEN: Nachfolge Christi –

In seinem 1651 erschienenen *Rosen-mând* entwickelt Philipp von Zesen eine alchemische Sprach- und Dichtungstheorie, deren Kernstücke bereits im ausführlichen Titel angezeigt werden:

> Rosen-mând: das ist in ein und dreissig gesprächen Eröfnete Wunderschacht zum unerschätzlichen Steine der Weisen: Darinnen unter andern gewiesen wird/ wie das lautere gold und der unaussprächliche schatz der Hochdeutschen sprache/ unsichtbarlich/ durch den trieb der Natur/ von der Zungen; sichtbarlich aber durch den trieb der kunst/ aus der feder/ und beiderseits/ jenes den ohren/ dieses den augen/ vernähmlich/ so wunderbahrer weise und so reichlich entsprüßet.[71]

Die Parallelisierung von künstlerischer Spracharbeit und Alchemie gründet sich auf die angenommenen Korrespondenzen zwischen Natur und Sprache. Demnach ist die Sprache wie die mineralische Welt ein Teil der physischen Natur, und in der Ursprache Adams gab es noch eine wesenhafte Übereinstimmung zwischen Wort und bezeichnetem Ding. Aber so wie die Natur sich seit dem Sündenfall immer weiter verändert hat, so hat auch die Sprache sich von ihrem Ursprung entfernt. In diesen Verfallsprozess vermag die Alchemie einzugreifen: Sie will dem Kunstprinzip der *imitatio* gemäß die Natur nachahmen und so die degenerierten, unedlen Metalle läutern und zu Gold veredeln. Dies ist nun auch die Aufgabe des Sprachalchemisten, der das verschüttete Sprachmaterial durch seine »Scheidekunst« freilegen und auf seinen Ursprung zurückführen soll: Zwischen Wort und Bedeutung wird eine Analogie des Klanges hergestellt.

Die musikalische Realisation von Dichtung stellt von daher eine logische Konsequenz dar.[72] Als praktische Anwendung seiner alchemischen Poetik kann Zesens von Peter Meier vertontes *Meienlied* aus dem 1670 erschiene-

Nachahmung der Natur. Himmlische und Natürliche Magie bei Paracelsus, im Paracelsismus und in der Barockliteratur (Scheffler, Zesen, Grimmelshausen), Paradeigmata 26, Hamburg 2007.

71 PHILIPP VON ZESEN: Rosen-mând, Hamburg: Georg Pape 1651. Vgl. MAXIMILIAN BERGENGRUEN: Verborgene Kräfte und die Macht des Gestirns. Zur Verschiebung alchemischer und astrologischer Gedankenfiguren im 16. und frühen 17. Jahrhundert und zur poetologischen Aneignung bei Philipp von Zesen, in: THOMAS STRÄSSLE, CAROLINE TORRA-MATTENKLOTT (Hrsg.): Poetiken der Materie. Stoffe und ihre Qualitäten in Literatur, Kunst und Philosophie, Freiburg i. Br.–Berlin 2005, S. 121–143, hier S. 133–139; DERS.: Nachfolge Christi (s. Anm. 70), S. 214–234; KEMPER: Barock-Humanismus. Liebeslyrik (s. Anm. 70), S. 155–157. Zu Zesens alchemischen Kenntnissen vgl. LEO LENSING: A ›Philosophical‹ Riddle. Philipp von Zesen and Alchemy, in: Daphnis 6 (1977), S. 123–146.

72 Vgl. FERDINAND VAN INGEN: Philipp von Zesen und die Komponisten seiner Lieder, in: GUDRUN BUSCH, ANTHONY J. HARPER (Hrsg.): Studien zum deutschen weltlichen Kunstlied des 17. und 18. Jahrhunderts, Chloe 12, Amsterdam 1992, S. 53–82.

nem *Dichterischem Rosen- und Liljentahl* gelten (Abb. 12).[73] Schon beim Lesen erschließt sich, was viel später einmal Arthur Rimbaud »alchimie du verbe« nennen wird:

> Glimmert ihr sterne/
> schimmert von ferne/
> blinkert nicht trübe/
> flinkert zu liebe
> dieser erfreulichen lieblichen zeit.
> Lachet ihr himmel/
> machet getümmel/
> regnet uns segen/
> segnet den regen/
> der uns in freude verwandelt das leid (V. 1 - 10).[74]

Zesen nimmt sich in seinem Gedicht vor, die verborgenen Kräfte der Natur in der Sprache offenzulegen. Die sich in Assonanzen überbietende Natursprache schildert eine die sublunare Natur und den ganzen Kosmos durchwaltende Erotik:

> Erde/ sei fröhlich/
> werde nun ehlich.
> Singet im schatten/
> springet zum gatten/
> singet/ ihr vogel/ und machet ein paar (V. 16 - 20).

Die Paarung wird verstechnisch abgebildet in den Paarreimen, die hier zu einem kosmisch-harmonischen Reimgeflecht erweitert werden, weil sie nicht nur am Versende, sondern auch am Versanfang stehen. Gesang und Begattung gehen hier fröhlich miteinander einher, und die sprachliche Form des Gedichts, kurze Verse aus Daktylus und Trochäus, gibt den Rhythmus dazu vor.

73 Zesen dichtete das »Meienlied« anlässlich des Regensburger Reichstages von 1653, auf dem er von Ferdinand III. nobilitiert wurde, und widmete es dessen Gattin Eleonara Gonzaga. Es erschien schon in diesem Jahr als Einblattdruck mit einer Melodie und wurde von Zesen mit einer anderen, von Peter Meier komponierten Melodie dann wieder in das *Rosen- und Liljentahl* aufgenommen; vgl. PHILIPP VON ZESEN: Sämtliche Werke, unter Mitw. von ULRICH MACHÉ u. VOLKER MEID hrsg. von FERDINAND VAN INGEN, Bd. 1, Tl. 2: Lyrik I, bearb. von FERDINAND VAN INGEN, Berlin - New York 1993, S. 63 - 69 (nach dem Einblattdruck); Bd. 2: Lyrik II, bearb. von FERDINAND VAN INGEN, ebd. 1984, S. 35 - 39 (nach dem *Rosen- und Liljentahl*).

74 ZESEN: Sämtliche Werke (s. Anm. 73), Bd. 2, S. 36. Zur Deutung vgl. BERGENGRUEN: Verborgene Kräfte (s. Anm. 71), S. 139 - 143; CLAUDIUS SITTIG: Zesens Exaltationen. Ästhetische Selbstnobilitierung als soziales Skandalon, in: MAXIMILIAN BERGENGRUEN, DIETER MARTIN (Hrsg.): Philipp von Zesen. Wissen - Sprache - Literatur, Frühe Neuzeit 130, Tübingen 2008, S. 95 - 118.

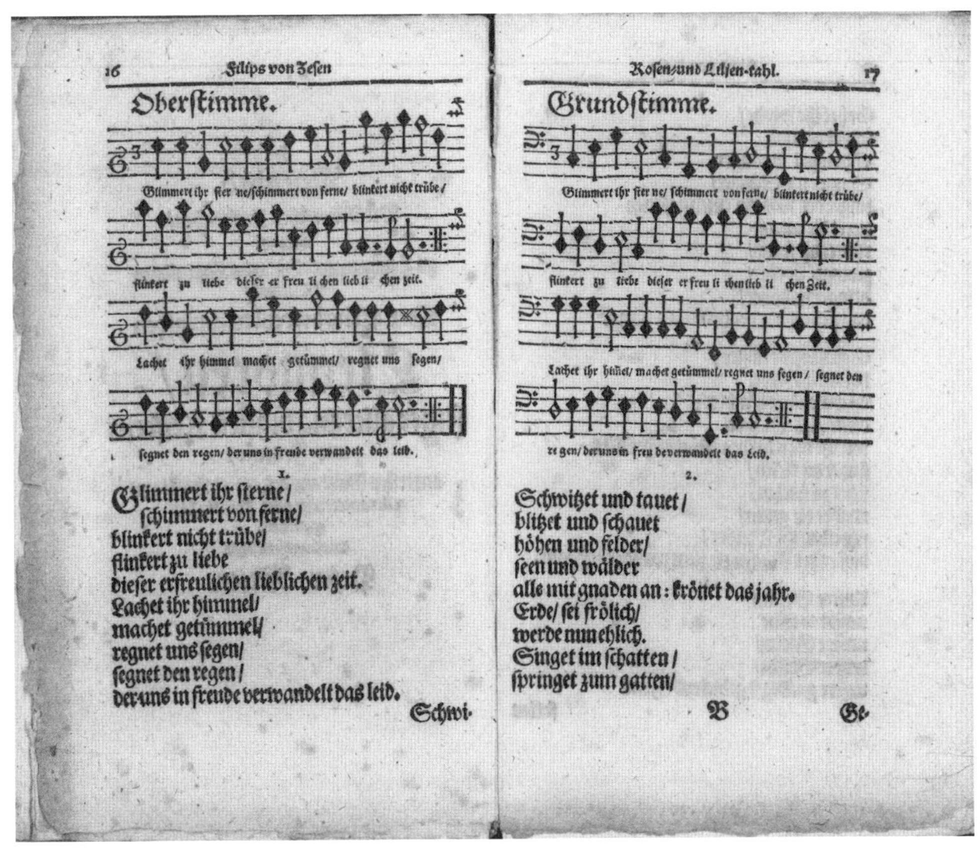
16 Filips von Zeſen

Oberſtimme.

1.

Glimmert ihr ſterne/
ſchimmert von ferne/
blinkert nicht trübe/
flinkert zu liebe
dieſer erfreulichen lieblichen zeit.
Lachet ihr himmel/
machet getümmel/
regnet uns ſegen/
ſegnet den regen/
der uns in freude verwandelt das leid.

Schwi-

Roſen- und Lilien-tahl. 17

Grundſtimme.

2.

Schwitzet und tauet/
blitzet und ſchauet
höhen und felder/
ſeen und wälder
alle mit gnaden an: krönet das jahr.
Erde/ ſei frölich/
werde nun ehlich.
Singet im ſchatten/
ſpringet zum gatten/

B

Ge-

Abb. 12: Philipp von Zesen: Meienlied, in: Dichterisches Rosen- und Liljentahl, Hamburg 1670. HAB Wolfenbüttel: Lo 8310

3. Musik in alchemischer Gestalt

Wenn Alchemie mit musikalischen Mitteln betrieben werden kann, dann ist schließlich danach zu fragen, ob sich Musik auch nach alchemischen Prinzipien komponieren lässt. Nicht nur Alchemisten haben sich mit Musik beschäftigt, sondern auch Musiker mit Alchemie. Claudio Monteverdi, der wohl bedeutendste Komponist des 17. Jahrhunderts überhaupt, war zeitweise intensiv in der Alchemistenküche tätig, wie durch seinen Briefwechsel gut bezeugt ist.[75] Es ist allerdings unwahrscheinlich, dass Monteverdis

75 Vgl. CLAUDIO MONTEVERDI: Briefe 1601–1643, hrsg. u. komm. von DENIS STEVENS, München-Zürich 1989, S. 320–328, 331–334 u. 336–338; LORENZ WELKER: Claudio Monteverdi und die Alchemie, in: Basler Jahrbuch für historische Musikpraxis 13 (1989), S. 11–29.

alchemische Kenntnisse in irgendeiner greifbaren Weise seine Musik beeinflusst haben.

Sehr wahrscheinlich ist ein solcher Einfluss allerdings bei Johann Theile, der seit 1685 das Amt eines Kapellmeisters am Hof von Anton Ulrich von Braunschweig-Wolfenbüttel ausübte.[76] Er war in der Kunst des Kontrapunkts einer der führenden Vertreter seiner Zeit. Seine handschriftliche Kontrapunktlehre ist kein musiktheoretischer Traktat, sondern besteht aus einer Sammlung beispielhafter Kompositionen. Sowohl im Titel wie in ihrer Darstellungsform weist sie mancherlei Parallelen zur alchemischen Überlieferung auf. Ihr Titel *Musicalisches Kunst-Buch, Worinne 15 gantz sonderbahre Kunst-Stücke und Geheimniße* [...] *anzutreffen* könnte fast genauso auf einem alchemischen Druck der Zeit stehen, insofern die Bezeichnung Kunstbuch und die Rede vom Geheimnis ganz typisch für alchemische Büchertitel sind.[77] Ein Rätselkanon in Baumform, der unter den nicht seltenen graphischen Gestaltungen von Kanons im 17. Jahrhundert durchaus unkonventionell erscheint, entspricht einem häufigen Visualisierungstyp für alchemische Doktrin (Abb. 13 – 16).[78] Wie tief Theile sich in seiner Kompositionslehre von der Alchemie beeinflussen ließ, soll hier unerörtert bleiben. Unzweifelhaft scheint jedoch, dass er die Ergründung kontrapunktischer Regeln mit der Suche nach dem Stein der Weisen parallelisiert, was nichts

76 Vgl. ULF GRABENTHIN: Art. »Theile, Johann«, in: ²MGG, Personenteil, Bd. 16, 2006, Sp. 728 – 732.

77 Berlin, Staatsbibliothek – Preußischer Kulturbesitz, Mus. ms. theor. 913. Vgl. JOHANN THEILE: Musikalisches Kunstbuch, hrsg. von CARL DAHLHAUS, Kassel – Basel 1965, S. 131. Zu alchemischen Büchertiteln vgl. PETRA FEUERSTEIN-HERZ: Öffentliche Geheimnisse. Alchemische Drucke der frühen Neuzeit, in: DIES., STEFAN LAUBE (Hrsg.): Goldenes Wissen. Die Alchemie – Substanzen, Synthesen, Symbolik, Ausstellungskataloge der Herzog August Bibliothek 98, Wolfenbüttel 2014, S. 55 – 65.

78 Der »Harmonische Baum«, wohl eine spätere Ergänzung Theiles, befindet sich nur in zwei der sechs bekannten Abschriften des *Kunstbuches*: Berlin, Staatsbibliothek – Preußischer Kulturbesitz, Am. B. 452, fol. 1ʳ; ebd., Am. B. 511, fol. 2ʳ. Angesichts der weiten Verbreitung von baumförmigen Schemata bei der Visualisierung von Wissen in Mittelalter und früher Neuzeit hat die Parallele zwischen Rätselkanon und Alchemie lediglich einen Indiziencharakter; vgl. JÖRG JOCHEN BERNS: Baumsprache und Sprachbaum. Baumikonographie als topologischer Komplex zwischen 13. und 17. Jahrhundert, in: KILIAN HECK, BERNHARD JAHN (Hrsg.): Genealogie als Denkform in Mittelalter und Früher Neuzeit, Studien und Texte zur Sozialgeschichte der Literatur 80, Tübingen 2000, S. 155 – 176; STEFFEN SIEGEL: Tabula. Figuren der Ordnung um 1600, Berlin 2009; MANUEL LIMA: The Book of Trees. Visualizing Branches of Knowledge, New York 2014. Für alchemische Baumbilder und -diagramme vgl. GRACIELA N. RICCI: Il simbolismo dell'albero filosofico (onirico, artistico, letterario) nei processi di trasformazione, in: HANS-GEORG GRÜNING (Hrsg.): Der Baum als Symbol und Strukturelement in der Literatur und Kunst. L'albero come simbolo e come elemento strutturale nella letteratura e nell'arte, München 2012, S. 87 – 117.

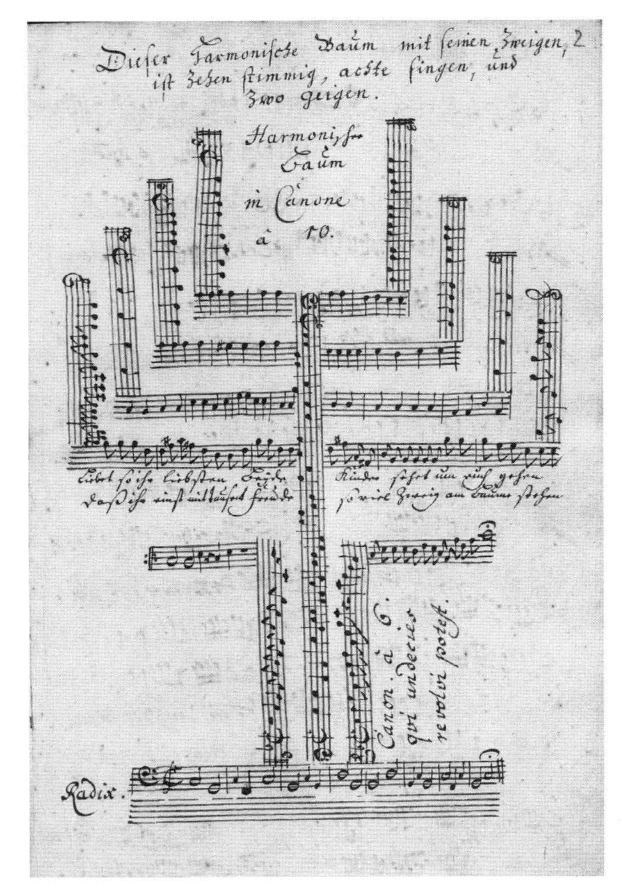

Abb. 13: Johann Theile: Harmonischer Baum, in: Musicalisches Kunst-Buch. Berlin, Staatsbibliothek Preußischer Kulturbesitz: Am. B. 511, fol. 2r

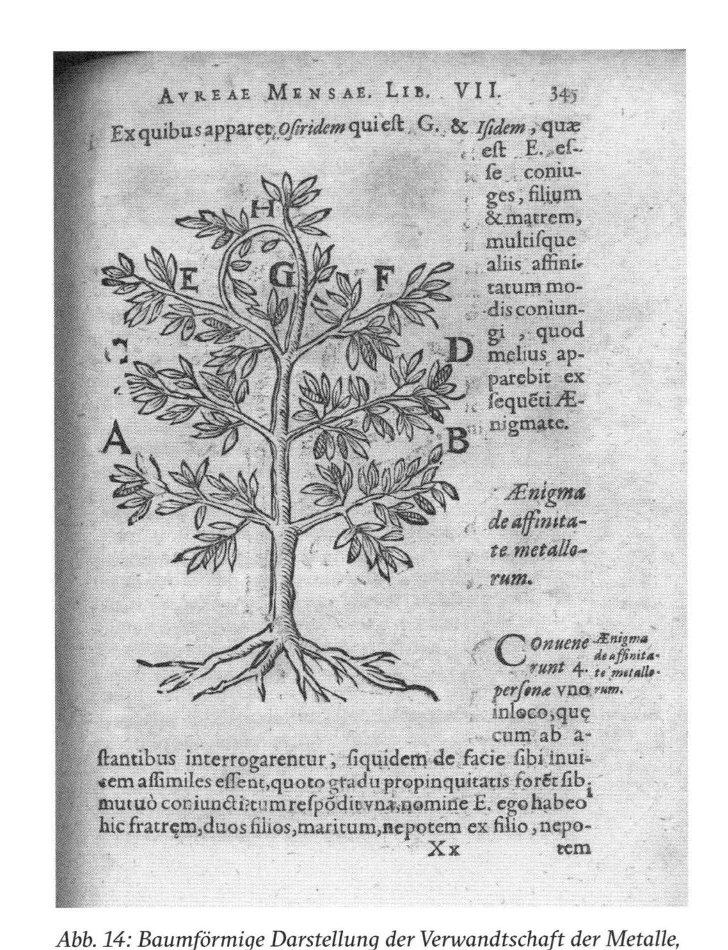
AVREAE MENSAE. LIB. VII. 345

Ex quibus apparet, *Osiridem* quiest G. & *Isidem*, quæ est E. esse coniuges, filium & matrem, multisque aliis affinitatum modis coniungi, quod melius apparebit ex sequẽti Ænigmate.

Ænigma de affinitate metallorum.

Conuenerunt 4. *personæ* vno in loco, quę cum ab astantibus interrogarentur, siquidem de facie sibi inuicem assimiles essent, quoto gradu propinquitatis forẽt sibi mutuò coniunctitum respõdit vna, nomine E. ego habeo hic fratrem, duos filios, maritum, nepotem ex filio, nepotem

Ænigma de affinitate metallorum.

Xx

Abb. 14: Baumförmige Darstellung der Verwandtschaft der Metalle, in: Michael Maier: Symbola Aureae Mensae Duodecim Nationum, Frankfurt a. M. 1617. HAB Wolfenbüttel: 46 Med. (1)

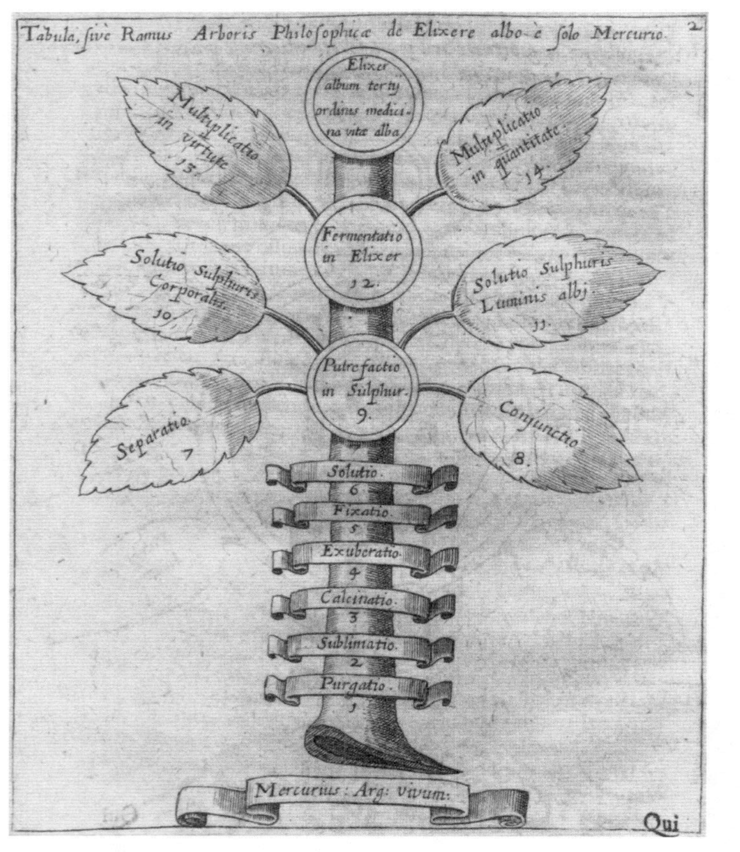

Abb. 15: Baumschema der Elixierdarstellung, in: Samuel Norton: Mercurius Redivivus, Seu Modus Conficiendi Lapidem Philosophicum, Frankfurt a. M. 1630. Dresden, Sächsische Landesbibliothek, Staats- und Universitätsbibliothek: Chem.402,30

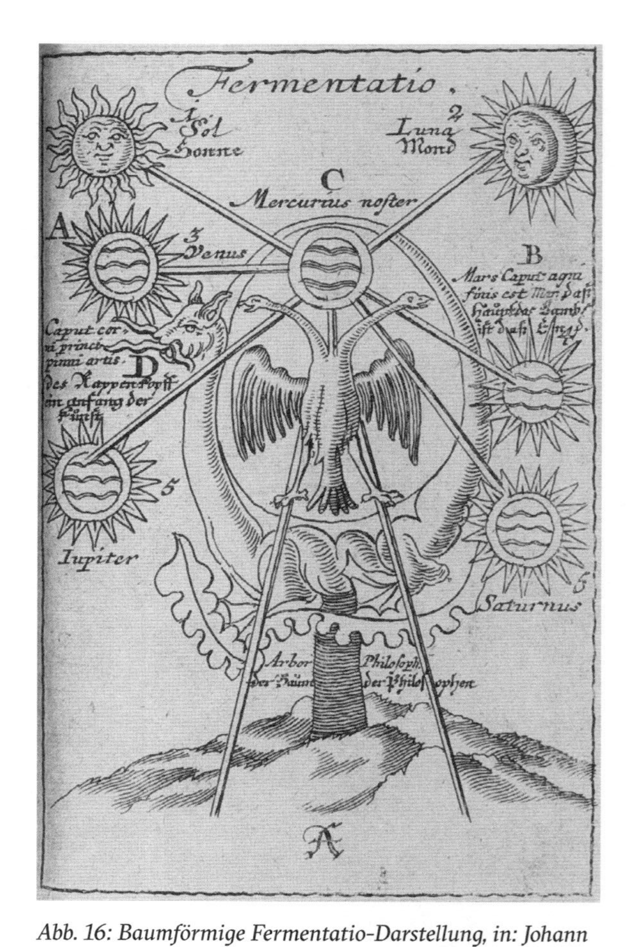

Abb. 16: Baumförmige Fermentatio-Darstellung, in: Johann Michael Faust: Compendium Alchymisticum Novum, Frankfurt–Leipzig 1706. HAB Wolfenbüttel: Wt 771

anderes besagen will, als dass sich mit dem Kontrapunkt Stimmen in Gold transmutieren lassen.[79]

Die alchemische Lesart von Theiles Kontrapunktlehre wird noch im 18. Jahrhundert eindrücklich von dem Musiktheoretiker Heinrich Bokemeyer bezeugt, der seit 1704 Kantor von St. Martini in Braunschweig war und nach einer Stelle in Husum seit 1717 bis zu seinem Tod als Kantor der fürstlichen Schule zu Wolfenbüttel tätig war.[80] Bokemeyer hatte bei Theiles Schüler Georg Oesterreich Kontrapunkt studiert, und im Gegensatz zu Theile ist seine theoretische und praktische Beschäftigung mit Alchemie aus seiner Korrespondenz mit seinem Weimarer Kollegen Johann Gottfried Walther gut bekannt. Walther war es auch, der Bokemeyer mit einer Abschrift von Theiles *Kunstbuch* versah (Brief an Heinrich Bokemeyer vom 19. April 1735).[81] Der Verfasser des bis heute wichtigen *Musicalischen Lexicons* (1732) besaß auch selbst eine ansehnliche Sammlung alchemischer Schriften, schätzte aber seine eigenen Kenntnisse der hermetischen Kunst gegenüber der Versiertheit Bokemeyers in der »geheimen Philosophie« als gering ein und sprach ihm gegenüber von seiner »superficiellen Wißenschaft« (Brief an Heinrich Bokemeyer vom 3. Oktober 1729, S. 76). Gleichwohl sah er einen inneren Zusammenhang zwischen Alchemie und Musik: Er teilte Bokemeyer brieflich mit, er selbst habe – so wie Bokemeyer »durch den Schlüßel [...] zur geheimen Philosophie« – durch Zahlenspekulation begriffen, dass die »Lehre der Consequenzen« des bedeutenden Musiktheoretikers Gioseffo Zarlino (1517–1590) »der höchste Grad in der Composition« sei (S. 81). Alchemie und Musik werden nicht zuletzt durch einen semantisch weiten Begriff wie »Composition« aneinandergebunden. »Composition« bezeichnet im alchemischen *opus magnum* der Herstellung des Steins der Weisen die Phase nach der »Solution«, wenn die in ihre Bestandteile zerlegten Ausgangsstoffe wieder neu zusammengesetzt werden.

Bokemeyers Verständnis von Kanon und Kontrapunkt beruhte auf seiner Kenntnis alchemischer Theorie. In seinen musiktheoretischen Schriften bediente er sich alchemischer Begrifflichkeit und Denkweise, indem er das kontrapunktische Komponieren als eine Geheimwissenschaft ansah. Deren

79 Vgl. DAVID YEARSLEY: Alchemie und Kontrapunkt im »Zeitalter der Vernunft«, in: ANNE-CHARLOTT TREPP, HARTMUT LEHMANN (Hrsg.): Antike Weisheit und kulturelle Praxis. Hermetismus in der Frühen Neuzeit, Veröffentlichungen des Max-Planck-Instituts für Geschichte 171, Göttingen 2001, S. 305–335, hier S. 322–333.

80 Vgl. WOLFGANG HIRSCHMANN: Art. »Bokemeyer, Heinrich«, in: ²MGG, Personenteil, Bd. 3, 2000, Sp. 289–293.

81 JOHANN GOTTFRIED WALTHER: Briefe, hrsg. von KLAUS BECKMANN, HANS-JOACHIM SCHULZE, Leipzig 1987, S. 184.

adeptische Durchdringung führe zum musikalischen Stein der Weisen und erlaube so, die musikalische Materie zu Gold zu läutern.[82]

In der Kontroverse, die Bokemeyer mit dem Hamburger Musikdirektor Johann Mattheson über die Bedeutung des Kanons als Grundlage des Komponierens führte, verfocht er vor diesem Hintergrund freilich eine absterbende Tradition. Musikgeschichtlich setzte sich Matthesons Ablehnung des Kanons und seine Orientierung am italienischen Stil durch. Im Verständnis Theiles und Bokemeyers stellte der Kanon eine Praxis der Mystifikation, also der musikalischen Hermetik oder Alchemie dar. Dem trat Mattheson im Sinne einer musikalischen Aufklärung mit der Forderung nach Rationalisierung des Komponierens entgegen.

Doch schon früher war die mystisch-spekulative Tradition der Musiktheorie, die es ermöglicht hatte, Musik und Alchemie als verwandte Wissenschaften zu begreifen, auf Ablehnung gestoßen: Kein anderer als der Wolfenbütteler Kapellmeister Michael Praetorius wandte sich gegen jegliche Mystifikation der Musiktheorie. Im zweiten Band seines *Syntagma musicum* (1620) begründete er seinen Gebrauch der deutschen Sprache: Sein Werk sei kein »*Magisterium Lapidis Philosophici*, welches *Secretioris Philosophiae Authores* vor ein sonderlich *Mysterium* halten wollen«.[83]

Neben einer eher äußerlichen Thematisierung von Alchemie in der Musik, die fast immer eine innere Distanz von Form und Sujet erkennen lässt, hat unsere Umschau auch praktische und theoretische Werke des Mittelalters und der frühen Neuzeit in den Blick genommen, die eine strukturelle Übereinstimmung zwischen musikalischem und alchemischem Denken zu erkennen geben. Während mehrere alchemische Autoren seit dem späten Mittelalter sich einstimmig-liturgischer Gesänge, motettischer Kompositionen oder kontrafazierter Kirchenlieder als Medium des spirituellen Gehalts der Alchemie bedienten, komponierten umgekehrt Komponisten der ausgehenden Epoche des Kontrapunkts nach hermetischen Prinzipien.

Diskographische Hinweise

John Dowland (1523–1626), *Collected Works*: 1976–77 · Emma Kirkby (Sopran), Glenda Simpson (Sopran), John York Skinner (Countertenor), Martyn Hill (Tenor), David Thomas (Bass) · The Consort of Musicke / Anthony Rooley · L'Oiseau-lyre 452 563-2 (12 CDs) © 1997

82 Vgl. YEARSLEY: Alchemie und Kontrapunkt (s. Anm. 79), S. 314 f.

83 MICHAEL PRAETORIUS: Syntagma musicum, Bd. 2: De Organographia. Wolfenbüttel 1619, Faks.-Nachdr. hrsg. von WILIBALD GURLITT, Documenta Musicologica, 1. Reihe, 14, Basel-London-New York 1958, Bl.):(5r.

Michael Maier (um 1568 – 1622), *Atalanta fugiens*: 2008 · Grace Davidson (Sopran), Clare Wilkinson (Alt), Warren Trevelyan-Jones (Tenor), Giles Underwood (Bass) · Ensemble Plus Ultra / Michael Noone · Glossa GCD P31407 (1 CD) © 2011

Marc-Antoine Charpentier (1643 – 1704), *La Pierre Philosophale*: 1998 · Les Arts Florissants / William Christie: »Charpentier, Divertissments, Airs et Concerts« [Tracks 1 – 5] · Erato 3984-25485-2 (1 CD) © 1999

Johann Theile (1646 – 1724), *Praeludium à 4, Aria, Courante, Sarabande / Sonata à 3* (aus: *Musikalisches Kunstbuch*, Nr. X und XIV): 2001 · Hamburger Ratsmusik / Simone Eckert: »Johann Theile, Kantaten und Instrumentalwerke für Schloss Gottorf« [Tracks 4 – 7 und 9 – 11] · Christophorus 77245 (1 CD) © 2001

Franz Xaver Gerl (1764 – 1827), Johann Baptist Henneberg (1768 – 1822), Wolfgang Amadeus Mozart (1756 – 1791), Benedikt Schack (1758 – 1826), Emanuel Schikaneder (1751 – 1812), *Der Stein der Weisen oder die Zauberinsel*: 1998 · Kurt Streit (Astromonte), Alan Ewing (Eutifronte), Chris Pedro Trakas (Sadik), Paul Austin Kelly (Nadir), Judith Lovat (Nadine), Kevin Deas (Lubano), Jane Giering De Haan (Lubanara), Sharon Baker (Genius) · Boston Baroque / Martin Pearlman · Telarc DSD 80508 (2 CDs) © 1999

Louis Spohr (1784 – 1859), *Der Alchymist*: 2009 · Bernd Weikl (Don Felix de Vasquez), Moran Abouloff (Inez), Jörg Dürmüller (Don Alonzo de Castros), Jan Zinkler (Don Ramiro de Loxa), Susanna Pütters (Paola), Mike Garling (Lopez), Linda Foerster (Inquisitor) · Chor des Staatstheaters Braunschweig · Staatsorchester Braunschweig / Christian Fröhlich · Oehms Classics OC 923 (3 CDs) © 2011

Ralph Vaughan Williams (1872 – 1958), *Five Mystical Songs*: 1996 · Simon Keenlyside (Bariton), Graham Johnson (Klavier): »Ralph Vaughan Williams, On Wenlock Edge / Five Mystical Songs (The English Song Series 3)« [Tracks 12 – 16] · Naxos 8.557114 (1 CD) © 2003

Benjamin Britten (1913 – 1976), *The Holy Sonnets of John Donne*: 1995 · Ian Bostridge (Tenor), Graham Johnson (Klavier): »Benjamin Britten, The Red Cockatoo / The Holy Sonnets of John Donne and other songs« [Tracks 19 – 27] · Hyperion CDA66823 (1 CD) © 1995

THOMAS KRUEGER

Das weiße Gold und die Anfänge der Porzellanmanufaktur Fürstenberg[1]

Im Jahr 2006 wurde in Fürstenberg an der Weser ein alter Schuppen abgerissen. Plötzlich versank der Abrissbagger in der Tiefe, er war durch ein bis dahin unbekanntes Gewölbe eingebrochen, dem Baggerführer war zum Glück nichts passiert. Was dieses Ereignis bedeutsam macht, ist, dass durch dieses Malheur die älteste erhaltene Anlage eines Porzellanbrennofens in Europa ans Licht kam, denn die alte Schuppenanlage befand sich hinter dem als »Altes Brennhaus« bekannten Gebäude der Porzellanmanufaktur Fürstenberg, das allerdings seit rund 250 Jahren als Arbeiterwohnhaus genutzt wurde.[2]

Diese Fundstätte wurde in den folgenden Jahren von Fachwissenschaftlern unter großem ehrenamtlichen Einsatz archäologisch untersucht und mittels Laserscan vermessen (Abb. 1), die Ergebnisse wurden mit den erhaltenen Archivalien abgeglichen, erste Ergebnisse publiziert, ein dreidimensionales Modell entwickelt und eine digitale Animation erstellt.[3] Dennoch bleiben viele Fragen zur Technologie der Porzellanherstellung in der frühen

1 Überarbeitete Fassung des gleichnamigen Vortrags am 14. Februar 2015 in der Herzog August Bibliothek Wolfenbüttel.

2 CHRISTIAN LIPPELT: Die ersten Betriebsanlagen der »Porcellain-Fabrique« Fürstenberg. Ein Beitrag zur Bauforschung, in: Braunschweigisches Jahrbuch für Landesgeschichte 95 (2014), S. 69 - 91; Zur Geschichte der Porzellanmanufaktur Fürstenberg vgl. BEATRIX VON WOLFF METTERNICH, MANFRED MEINZ, THOMAS KRUEGER (Mitarb.): Die Porzellanmanufaktur Fürstenberg. Eine Kulturgeschichte im Spiegel des Fürstenberger Porzellans, Bd. 1, München 2004; Ergänzend dazu: SIEGFRIED DUCRET: Fürstenberger Porzellan, Bd. 1: Geschichte der Fabrik, Braunschweig 1965.

3 SONJA KÖNIG, STEFAN KRABATH, THOMAS KRUEGER: Fürstenberg und Meißen. Archäologische Untersuchungen von Brennöfen der frühen europäischen Porzellanproduktion, in: Beiträge zur Mittelalterarchäologie in Österreich 27 (2011), S. 281 - 291 (zugleich 43. Internationales Symposium Keramikforschung des Arbeitskreises für Keramikforschung, Mautern an der Donau, 20. bis 25. September 2010); THOMAS KRUEGER: Notizen zur Frühgeschichte der Porzellanmanufaktur Fürstenberg, 1746 - 1753: Neue Forschungsfragen aus historischer Sicht anlässlich erster archäologischer Testgrabungen an frühen Ofenbauten der Manufaktur, in: WILHELM SIEMEN (Hrsg.): Königstraum und Massenware: 300 Jahre europäisches Porzellan. Das Symposium [deutsch/englisch], Schriften und Kataloge des Deutschen Porzellanmuseums 102, Selb 2010, S. 48 - 69; zusammenfassend SONJA KÖNIG, STEFAN KRABATH, THOMAS KRUEGER unter Mitarb. von CHRISTIAN LEIBER, THOMAS SCHMITT: Die erste Porzellanmanufaktur in Norddeutschland - von der Ausgrabung zum virtuellen Modell der ältesten erhaltenen Porzellanbrennöfen Europas, in: Denkmalpflege in Niedersachsen 2 (2012), S. 74 - 77.

Abb. 1: Die freigelegte erste Brennofenanlage der Porzellanmanufaktur Fürstenberg, 1747. Die Anlage ist nach den Untersuchungen und Vermessungen zur Sicherung wieder verschlossen worden. Foto: Stefan Krabath

Neuzeit offen, in der die Lehren der Alchemie als theoretische Grundlage für die Erklärung der Eigenschaften von Materie und ihrer Verwandlung dienten. Die Ausgangsproblematik soll daher hier kurz umrissen werden.

Die europäische Nacherfindung des »weißen Goldes« aus China, wie das Porzellan auch bezeichnet wird, gelang 1708 im Alchemistenlabor auf der sächsischen Albrechtsburg.[4] Nicht moderne Analytik und naturwissenschaftliche Erkenntnis führten zum Ergebnis, sondern das reine Experiment aufgrund letztlich falscher theoretischer Annahmen und alchemistischer Konstrukte. Es ist umso faszinierender, dass es den Forschern und Technikern des 18. Jahrhunderts, den *Arkanisten*, dennoch gelang, »weißes Gold« herzustellen. Ihr Durchhaltevermögen mit Versuch und Irrtum führte nach 1747 letztlich auch in der ersten Porzellanmanufaktur Norddeutschlands

4 Zu Fragen des Porzellans vgl. LUDWIG DANCKERT, GABRIELE EBBECKE (Bearb.): Handbuch des europäischen Porzellans. München u. a., 7. bearb. und erw. Aufl. 2006; einschlägig dazu noch immer: FRIEDRICH H. HOFMANN: Das Porzellan der europäischen Manufakturen im 18. Jahrhundert. Eine Kunst- und Kulturgeschichte, Propyläen-Kunstgeschichte, Erg.-Bd. 5, Berlin 1932.

zum Erfolg, der Herzoglich-Braunschweigischen Porzellanmanufaktur in Fürstenberg an der Weser.

Porzellan aus China war bereits seit Marco Polos (1254 – 1324) Zeiten in Europa bekannt. Dieser venezianische Asienreisende und Kaufmann verwendete in seinen Reiseberichten, unter dem Titel *Il Milione* zusammengefasst, die Bezeichnung *porcella*, Porzellan. Die Überlieferung der Berichte Polos in etwa 150 bekannten, unterschiedlichen Manuskripten ist schwierig, jedenfalls erschienen erste Kollationen im 16. Jahrhundert. Marco Polo ließ sich für die Bezeichnung dieser neuen weißen und leicht durchscheinenden Keramik von Gestalt und Eigenschaften des Hauses von Mittelmeerschnecken inspirieren. Sie sind auch bekannt unter dem indischen Namen Kauri/Cowrie-Schnecken oder *Cypraeidae*, eine große Gattung von überwiegend tropischen Meeresschnecken, von denen man bisher etwa 200 Arten kennt.

Die ersten Gefäße dieser neuen Keramik kamen also als außergewöhnlich kostbares Gut aus China. Das älteste bekannte asiatische Porzellan stammt aus Gräbern der chinesischen Tang-Dynastie (618 – 907). Seit dem 10. Jahrhundert entwickelte sich die Stadt Jingdezhen in der Provinz Jiangxi zum führenden Zentrum der Porzellanherstellung in China. Der wichtigste Rohstoff, das Kaolin, stand unweit an, und zwar in einem Bergzug namens »*gao ling*«, was schlicht »Hoher Hügel« bedeutet. Anfang des 18. Jahrhunderts sollen rund 3.000 Öfen in der »Hauptstadt« des chinesischen Porzellans betrieben worden sein. Die Werkstätten produzierten für den kaiserlichen Hof und für den asiatischen sowie europäischen Export.

Trotz der erfolgreichen Importe durch portugiesische Kaufleute im 16. und später im 17. und frühen 18. Jahrhundert durch die Vereinigte Ostindische Kompanie der Niederländer galt die asiatische Keramik als ein rares Kulturgut, das viele Fürsten in großartigen Kabinetten zur eigenen Repräsentation ausgewählten Gästen zur Schau stellten. Am bekanntesten ist sicherlich die Sammlung des sächsischen Königs August des Starken (1670 – 1733), die noch heute zu den größten Europas zählt. Aber auch Herzog Anton Ulrich von Braunschweig-Wolfenbüttel (1633 – 1714) richtete sich in seinem Lustschloss Salzdahlum bereits 1693/94 ein *Cabinet de Porcellain* ein.[5]

Der hohe Preis machte Porzellan im 17. und frühen 18. Jahrhundert nur für wohlhabende Haushalte erschwinglich, auch wenn für das Stadtpatriziat von Orten wie Göttingen, Braunschweig, Wolfenbüttel oder Höxter

5 HOLGER WITTIG: Das Fürstliche Lustschloss Salzdahlum. Bd. 1: Das Schloss und die Sammlungsbauten, Norderstedt 2005, S. 184 – 194.

archäologisch vor allem die kleinen henkellosen chinesischen Tassen, die Koppchen, nachweisbar sind.[6] Demzufolge versuchten Töpfer schon vor der Meißner Erfindung mit ihren Mitteln Gefäße in Hinblick auf Form und Dekor dem Porzellan nachzuempfinden. Führend waren die Töpfer in den Niederlanden, allen voran in Delft, wo in zahlreichen Werkstätten Fayence – Irdenware mit weißer Zinnglasur – produziert und vor allem blau dekoriert wurde. Ebenso in Italien (Faenza – Fayence) und auf Mallorca, woher sich auch der Name Majolika herleitet. Eine herausragende Majolika-Sammlung legte auch Anton Ulrich in Salzdahlum an, den Grundstock der Sammlung im Herzog Anton Ulrich-Museum in Braunschweig.[7] In Niedersachsen entstanden zwei Fayence-Betriebe in Braunschweig (1707–1807 bzw. 1745–1757), weitere in Hannoversch Münden (1732/53–1854) und in Wrisbergholzen bei Hildesheim (1736–1834).[8]

Doch Porzellan wie die chinesische Keramik war das alles nicht.

Porzellanherstellung im 18. Jahrhundert

Porzellan besteht aus den drei Mineralien Kaolinit als formbarer Hauptbestandteil, Quarz als Magerungsmittel und Feldspat als Flussmittel, die im richtigen Verhältnis zueinander und mit Wasser vermischt die formbare Porzellanmasse ergeben.[9] Bei hohen Temperaturen gebrannt ist Porzellan dem Glas ähnlich. Die Glasur, die Keramik für Flüssigkeiten abdichtet und zugleich die Oberfläche glättet, versintert im Porzellanbrand bei hohen Temperaturen mit dem Keramikscherben. Anders als bei Steinzeug, Fayence und anderen Keramikarten, bei denen die Glasur nur auf dem Keramikscherben aufliegt, ermöglicht erst die Sinterung die geringe Stärke des Porzellanscherbens, die besonders feine Formbarkeit und schließlich das Durchscheinen von Licht, die Transluzenz. Die weiß glasierte Oberfläche bietet zudem

6 Vgl. G. ULRICH GROSSMANN: Der Heistermann-von-Zielbergsche Hof in Höxter, in: DERS.: Adelshöfe in Westfalen, Schriften des Weserrenaissance-Museums Schloß Brake 3, München 1989, S. 62–142; STEFAN KRABATH: Luxus in Scherben, Fürstenberger und Meißener Porzellan aus Grabungen, Dresden 2011.

7 JOHANNA LESSMANN: Italienische Majolika [im Herzog Anton Ulrich-Museum], Braunschweig 1980.

8 HELA SCHANDELMAIER: Niedersächsische Fayencen – die niedersächsischen Manufakturen. Braunschweig I und II, Hannoversch Münden – Wrisbergholzen. Mit einl. Texten von HELGA HILSCHENZ-MLYNEK, Sammlungskatalog des Kestner-Museum Hannover 11, Hannover 1993.

9 Zur Porzellanherstellung allgemein vgl. JOSEF HOFFMANN: Technologie der Feinkeramik, Leipzig [7]1979; zur Keramik UWE MÄMPEL: Keramik. Kultur- und Technikgeschichte eines gebrannten Werkstoffs, Hohenberg 2003.

einer Leinwand gleich einen optimalen Malgrund. Diese Eigenschaften des Porzellans, also der dünne, zarte und durchscheinende Scherben, die Formbarkeit des Materials und der Malgrund machten seine Faszination aus und weckten Begehrlichkeiten.

Flüssigkeitsdichte Gefäße mit hellem Scherben waren schon lange vor dem Bekanntwerden des Porzellans in Europa zum begehrten Schenk- und Trinkgeschirr geworden. Seit der ersten Hälfte des 13. Jahrhunderts bildeten geeignete Tone die Grundlage für ein auf überregionalen Absatz orientiertes Töpferhandwerk, in Deutschland zum Beispiel im südlichen Niedersachsen. Zu wichtigen Töpferorten wurden Fredelsloh im Landkreis Northeim sowie das »Pottland« um Duingen und Coppengrave im Landkreis Hildesheim.[10] Doch sie alle waren wie die mit Zinnglasuren begossenen Fayencen nicht so fein wie das Porzellan aus China.

In China wurde die Porzellanherstellung nie als großes Geheimnis gehütet. Vermutlich verhinderten Sprachbarrieren ein tieferes Verständnis in Europa, wohl aber auch das mangelnde naturwissenschaftliche Wissen. Zwei detaillierte Briefe des Jesuitenpaters François Xavier d'Entrecolles (1664–1741) bereicherten die europäische Forschung und erschienen in deutscher Sprache in einer für die damalige Zeit prägenden Topografie von Jean Baptiste du Halde 1735 bis 1739. D'Entrecolles hatte 1712 und 1722 durch seine chinesischen Konvertiten Einblick in die Betriebe von Jingdezhen erhalten.

Das Hauptproblem bei der Entwicklung eines »echten« Porzellans war aber nicht allein die Kenntnis der notwendigen Mineralien und ihrer korrekten Zusammensetzung, sondern vor allem die Unkenntnis der chemisch-physikalischen Prozesse bei der Porzellanherstellung und schließlich ihrer technischen Beherrschung. Bereits seit dem 16. Jahrhundert experimentierten Alchemiker und Gelehrte in Europa mit der Porzellanherstellung. So entstand etwa das sogenannte Medici-Porzellan (1581–1586). Aber alles Experimentieren ergab nichts Anderes als Varianten von Feinsteinzeug wie die Fayence. Der Durchbruch gelang bekanntlich erst 1708 dem Apothekerlehrling Johann Friedrich Böttger (1682–1719) in Zusammenarbeit mit dem Gelehrten Ehrenfried Walther von Tschirnhaus (1651–1708). Eigentlich hatte Böttger seinem Auftraggeber, dem sächsischen König August dem Starken, versprochen, Gold zu produzieren. Doch Böttger und Tschirnhaus

10 HANS-GEORG STEPHAN: Das Pottland: mittelalterliche und neuzeitliche Töpfereien von landesgeschichtlicher Bedeutung und Keramik europäischem Rang in Niedersachsen, in: CHRISTIAN LEIBER (Hrsg.): Aus dem Pottland in die Welt: eine historische Töpferregion zwischen Weser und Leine, Ausst.-Kat. Holzminden, 2012, S. 9–72.

entwickelten mehr zufällig in langen Experimentalreihen mit unterschiedlichsten Erden und Zusätzen sowie Brennversuchen das europäische Hartporzellan, diese durchscheinende weiße Keramik aus Kaolinit, Feldspat und Quarz.

Hintergrund für ihre Brennversuche war die aus der Alchemie als Materialkunde geläufige Annahme, dass in Metallen die vier aristotelischen Elemente – Feuer, Wasser, Erde, Luft – materialisiert sind. Man nahm an, dass ein Metall in ein anderes verwandelt werden könne, wenn man die Materialisierungen der Elemente verwandelt, also durch den Einfluss von Feuer das eine Metall in ein anderes wandelt – Goldmachen war eines der großen Ziele. Und man meinte, bei Erden – und Keramik besteht aus Erde – könne man daher wohl ähnlich verfahren.

Wie bereits erwähnt geht es bei dem Arkanum, dem Geheimnis der Porzellanherstellung, keineswegs allein um die Frage der Zusammensetzung der Porzellanmasse, des Versatzes. Sicherlich war es schwierig, den richtigen Versatz aus den vorfindlichen Mineralien allein experimentell zu entwickeln und zu fertigen, schließlich steckten Mineralogie und Chemie, auch die notwendigen Analysemethoden noch in den Kinderschuhen. Aber schon Friedrich Hofmann wies in seinem Handbuch bereits darauf hin, dass das Arkanum aus den »in der Summe aller zur Herstellung des echten Porzellans notwendigen Kenntnisse und Kunstgriffe bestand.«[11]

So ist eine der wesentlichen Voraussetzungen für die Herstellung von Hartporzellan auch nicht allein das Erreichen einer genügend hohen Brenntemperatur. Porzellan muss zweimal gebrannt werden. Im ersten Brand, dem Glühbrand, wird dem Porzellanrohling bei ca. 900° C alles, auch das chemisch gebundene Wasser entzogen, um ihn dabei porös werden zu lassen, damit er anschließend die Glasur aufnehmen kann; zugleich werden in der Porzellanmasse noch anhaftende Fremdstoffe verbrannt. Im zweiten, dem Glasur- oder Glattbrand, versintert die Glasur dicht mit dem Scherben, was zur gewünschten Transluzenz führt. Hier ist die korrekte Steuerung der Brennatmosphäre von oxydierendem zu reduzierendem Brand zum richtigen Übergangszeitpunkt absolut notwendig. Bis etwa 1050° C muss ein ausreichender Luftüberschuss vorhanden sein, um den im ersten Brand verglühten, porösen Scherben weiter zu entgasen. Geschieht das nicht oder zum falschen Zeitpunkt, wird das Porzellan nicht weiß, sondern graustichig. Anschließend muss beim weiteren Aufheizen die äußere Sauerstoffzufuhr reduziert werden, um bei dem herrschenden Luftmangel dem im noch porösen Scherben enthaltene Fe_2O_3 bei etwa 1300° C den Sauerstoff zu entziehen, um die gewünschte physikalische Blaufärbung zu erzielen,

11 HOFMANN: Porzellan (s. Anm. 4), S. 101.

Abb. 2: Teller in Tournai-Form, Aufglasurmalerei Chinoiserie in Purpur en camaieu, Dm 20 cm, Fürstenberg 1753/55. Museum Schloss Fürstenberg, Inv.-Nr. 385, Foto: Thomas Krueger

die optisch für das menschliche Auge den Scherben weiß erscheinen lässt. Zu späte oder unzureichende Reduktion führt zu Gelbfärbung oder Pocken, zu zeitige Reduktion zu Graufärbung, Grieß auf dem Scherben ist auf Reduktionsbeginn unter 980° C bzw. einem zu niedrigen Glühbrand zurückzuführen usw. – es sind eine ganze Reihe von Faktoren, die vor allem beim Glasur- oder Glattbrand des Porzellans zu Fehlern führen können – von den Schwierigkeiten bei der späteren Dekoration des weißen Porzellans ganz zu schweigen.

Ein Fürstenberger Teller (Abb. 2), der nach 1753 hergestellt wurde, ist ein schönes Beispiel für die Schwierigkeiten der frühen Porzellanproduktion:

Der Scherben ist nicht rein weiß, sondern grau, außerdem ist die Tellerfahne schief und der Teller steht nicht plan – was auf dem Foto allerdings nicht so deutlich zu sehen ist.[12]

Ehrenfried Walther von Tschirnhaus war einer der vielen Naturwissenschaftler, Tüftler und Alchemisten des 17. und 18. Jahrhunderts, die sich auch mit der Theorie der Verwandlung von Metallen und Erden durch Feuer bzw. Hitze auseinandersetzten. Er gehörte zu dem riesigen Korrespondentenkreis von Gottfried Wilhelm Leibniz. In einem Brief an Leibniz vom Februar 1694 berichtete Tschirnhaus von seinen Versuchen, mit Brennspiegeln hohe Temperaturen zu erzeugen und meinte, »dieß hatt Mich auch auff die gedancken gebracht; den Porcellan zu bereiten«, zusammen mit der richtigen Zusammensetzung der Mineralien.[13] Diese Experimente führte er später mit Böttger auf der Albrechtsburg – vergeblich – fort.

Ab 1702 kam Tschirnhaus nach Sachsen, wo er schließlich mit Böttger an der Goldherstellung arbeitete, sich aber weiterhin auch mit der Porzellanherstellung und dabei mit seinen Brennspiegelversuchen beschäftigte, bis beiden 1708 die erste Herstellung eines weißen Porzellans gelang. Die große Leistung Böttgers und Tschirnhaus' bestand jedoch schließlich darin, aus den damals üblichen Fayenceöfen einen neuen liegenden Ofentyp entwickelt zu haben, der diesen Anforderungen entsprach. Dieser Ofentyp von halbzylindrischer Form mit einer Feuerung an der Schmalseite ähnelte den chinesischen Öfen.[14]

Doch diese Entwicklung beruhte eben nicht auf der Erkenntnis der exakten physikalisch-chemischen Vorgänge im Porzellanbrand, sondern nach wie vor darauf, dass man mit Hilfe eines der vier Elemente – Feuer – meinte, die Zusammensetzung der verschiedenen Materialien beeinflussen zu können. So umfasste das anfangs in Meißen wohl gehütete Arkanum der europäischen Porzellanherstellung die Kenntnisse für die Zusammensetzung der Masse und die Konstruktion der Feuerung der Öfen. Dieses Wissen sollte unter Androhung drakonischer Strafen geheim bleiben, jedoch führten Indiskretion und gezieltes Abwerben von Mitarbeitern zur Gründung weiterer Manufakturen, so 1717/19 in Wien, 1746 in Höchst und 1747 in Fürstenberg.

12 Diese Fehler sind typisch für die technischen Probleme, etwa bei der Zusammensetzung und Aufbereitung der Porzellanmasse und vor allem der mangelhaften Steuerung der notwendigen Brände.

13 Tschirnhaus an Leibniz, 24. Februar 1694, in der Leibniz-Gesamtausgabe: URL: http://www.gwlb.de/Leibniz/Leibnizarchiv/Veroeffentlichungen/III6A.pdf, Volltext (PDF) Teil A, Nr. 10, S. 27 f. [letzter Zugriff 04.12.2018]; Druckausgabe Berlin 2004.

14 KRABATH: Luxus (s. Anm. 6).

All diese Manufakturen mussten jedoch »ihre« Technologie der Porzellanherstellung selbst durch Versuch und Irrtum entwickeln. Bezeichnend ist hierfür eine Bemerkung des ersten Direktors der Manufaktur Fürstenberg, Johann Georg von Langen (1699–1776), vom 18. Januar 1752: »Es fallen unsere Waren, ob sie gleich fest und durchsichtig sind, auch das größte Feuer aushalten, nicht so weiß aus als die sächsischen, bald sehen die hiesigen Sorten gelblich, bald bläulich aus [...]«.[15] Das ist ein untrüglicher Hinweis darauf, dass die Brenn-, insbesondere die Atmosphärensteuerung im Glattbrand noch nicht beherrscht wurde. Der graue Scherben des abgebildeten Tellers belegt dies ebenfalls. Denn jene thermodynamischen Prozesse waren noch unbekannt; im Gegenteil, nach der geltenden Phlogistontheorie – und damit sind wir wieder beim Thema Alchemie – meinte man, dass bei der Verbrennung dem jeweiligen Brennstoff eine »Phlogiston« genannte Substanz entweiche; deshalb habe Asche auch viel weniger Masse als der Brennstoff. Und diesen Stoff gelte es also im Brand zu steuern.

Auf diesem Konstrukt basierten auch die ersten Druckschriften zur Porzellanherstellung, die seit 1750 erschienen. Umfassende Standardwerke der Zeit sind die Beiträge des Grafen von Milly in der berühmten französischen *Encyclopédie* von Denis Diderot und Jean Le Rond d'Alembert im Jahr 1765. Die deutsche Übersetzung erschien, motiviert durch einen Vortrag in Deutschland (1771), als *Die Kunst das ächte Porcellän zu verfertigen* 1774 in Leipzig und Königsberg sowie unabhängig davon in Halle an der Saale.[16] Franz Josef Weber, Direktor der Ilmenauer Manufaktur, folgte mit seinem Werk 1798. Johann Georg Krünitz fasste beide Monographien in seiner Enzyklopädie (1810) zusammen.

Während die Glühbrandsteuerung durch die bereits bekannte und beherrschte Steinzeug- und Fayence-Herstellung geläufig war, mussten sich die Brennmeister der neuen Porzellanmanufakturen die Brennsteuerung des Glattbrandes von Hartporzellan erst mühsam aneignen und sich auf unsichere Hinweise wie etwa die Flammenfarbe (blauweiß in der Oxydation, rotgelb in der Reduktion) oder das Verhalten von Probestücken verlassen,

15 SIEGFRIED DUCRET: Fürstenberger Porzellan, Bd. 1, Braunschweig 1965, S. 28.

16 NICOLAS CHRETIEN DE THY COMTE DE MILLY: Die Kunst Porcelain zu machen. Dt. Übers., Brandenburg 1774 (franz. Ausg. Paris 1771) (Repr. Hildesheim 1976). Milly war der erste, der sich in Buchform über die Porzellanherstellung offenbarte. Er konnte sich auf seine persönlichen Beobachtungen der Porzellanproduktion in Ludwigsburg stützen, vgl. MICHAEL WEIHS: Ergebnisse der archäologischen Untersuchungen zwischen 1985 und 1989 auf dem Gelände der ehemaligen Porzellanmanufaktur in Ludwigsburg, in: WILHELM SIEMEN (Hrsg.): Die Ludwigsburger Porzellanmanufaktur einst und jetzt, Schriften und Kataloge des Museums der Deutschen Porzellanindustrie 23, Hohenberg 1990, S. 30–61, hier S. 44.

ohne überhaupt Kenntnis von den eigentlichen Prozessen zu haben. Ein Ausweis dafür ist die Bemerkung Millys, »dieses ist die allerkützlichste Arbeit, welche die meiste Schwierigkeit macht und die größte Aufmerksamkeit erfordert.«[17] Noch Franz-Josef Weber bezieht sich 1798 in seiner *Kunst das ächte Porzellan zu verfertigen* (Hannover 1798) auf die Theorie von Pott, *Chymische Untersuchungen von der Lithogeognosie* (Berlin 1757), die wiederum auf der Phlogiston-Theorie basierte. Hofmann stellte daher völlig zurecht fest: »Man kann fast sagen, dass beinahe jede Fabrik sich ihr Arkanum erst selbst wieder herausexperimentieren mußte«. Nur langjährige Praxis mit vielem Auf und Ab sollte zum Erfolg führen. Johann Georg von Langen und seine Arbeit an der Porzellanmanufaktur Fürstenberg ist beispielhaft dafür.

Erst 1789 entdeckte Antoine Laurent de Lavoisier die Oxydation, wonach die Brennstoffe beim Verbrennen Sauerstoff aus der Luft aufnehmen und dieser sich dabei mit Wasserstoff- und Kohlenstoffanteilen der Brennstoffe zu gasförmigen entweichenden Stoffen, nämlich zu Wasserdampf und Kohlendioxid wandelt. Aber noch 1809 wird in Krünitz' *Oekonomischer Enzyklopädie* das Phlogiston als »ein von den Chemikern angenommener Grundstoff der verbrennlichen Körper« vorgestellt, auch wenn man »Nach den Entdeckungen der verschiedenen Luftarten ganz andere Vorstellungen von dem Verbrennen und von dem Brennstoff erhalten habe.«

Fürstenberg – Die Manufakturgründung und die Anfänge der Porzellanherstellung

Die Geschichte der Porzellanmanufaktur Fürstenberg reicht zurück bis in das Jahr 1744; seitdem wurde wohl zunächst in der herzoglichen Residenz im Schloss Wolfenbüttel mit der Herstellung von Porzellan wenn nicht experimentiert, so doch zumindest darüber nachgedacht. Wie an vielen anderen Höfen Deutschlands und Europas sollte das »weiße Gold« auch in Braunschweig-Wolfenbüttel sowohl die repräsentativen Erfordernisse des Hofes erfüllen, indem der Besitz von möglichst im Lande selbst produzierten Luxusgütern zur Schau gestellt wurde, als auch für vermehrte Einnahmen in die stets leeren Staatskassen sorgen. Dass die Manufaktur schließlich nicht nahe der Residenz, sondern im abgelegenen Fürstenberg

17 MILLY: Kunst (s. Anm. 16), S. 47. – Im Ausstellungskatalog *Goldenes Wissen* hat sich leider ein Übertragungsfehler eingeschlichen, indem von »allerkünstliche« anstatt korrekter Weise »allerkützlichste Arbeit« gesprochen wird, PETRA FEUERSTEIN-HERZ, STEFAN LAUBE (Hrsg.): Goldenes Wissen. Die Alchemie – Substanzen, Synthesen, Symbolik, Ausstellungskataloge der Herzog August Bibliothek 98, Wolfenbüttel 2014, S. 348.

eingerichtet wurde, hing mit der vorausschauenden, fast modern anmutenden herzoglichen »Standortpolitik« zusammen.[18]

Der sogenannte »Weserdistrikt«, im Wesentlichen der heutige niedersächsische Landkreis Holzminden in den südniedersächsischen Mittelgebirgen, zeichnet sich durch Waldreichtum, magere Böden, kleinflächige Landwirtschaft und wenig Industrie aus. Herzog Karl I. von Braunschweig-Wolfenbüttel (reg. 1735–1780) bemühte sich um den wirtschaftlichen Ausbau besonders dieser Region durch Ausnutzung der dort vorhandenen Ressourcen Holz und Wasserläufe als Energielieferanten, Eisenerz, Erden zur Glas- und Keramikherstellung sowie anderer Rohstoffe.

Die Einrichtung der energieintensiven Betriebe Eisenhütten, Glas- und Porzellanfabriken stand in engem Zusammenhang mit der gleichzeitigen Modernisierung der Forstwirtschaft, mit der die wirtschaftliche Nutzung des Hauptenergieträgers Holz verbessert werden sollte. Die ausgedehnten Forsten des Weserdistrikts (Hils und Solling) versprachen genügend Holzvorrat für die riesigen Mengen Brennstoff, die hierfür nötig waren.

Der Entschluss des Herzogs, gerade im abgelegenen Fürstenberg eine Porzellanmanufaktur einzurichten, geht denn auch auf den Vorschlag eines erfahrenen Forstmannes zurück, des Oberjägermeisters Johann Georg von Langen. Dieser war vom Herzog damit beauftragt worden, die Forsten im Weserdistrikt gründlich zu vermessen und eine bessere Waldbewirtschaftung zu projektieren.[19] Johann Georg von Langen kannte sich auch mit der Keramikproduktion aus, hatte in Dänischen Diensten mehrere Töpfereien eingerichtet und bereits zuvor, 1721 und 1728, die Porzellanherstellung in Meißen kennen gelernt: Sein Onkel, Geheimrat von Seebach, war dort Direktoriumsmitglied.[20] 1740 war von Langen noch einmal in Meißen. Als er schließlich 1745 damit beschäftigt war, den unweit Fürstenbergs gelegene Derentaler Forst zu vermessen, wobei er feststellte, dass dort sehr viel überständiges Holz vorhanden war, lernte er auch das dortige ehemalige, nur noch vom Amtmann genutzte Jagdschloss kennen.

18 THOMAS KRUEGER: Arbeit, Holz und Porzellan – Herzog Carl I. von Braunschweig-Wolfenbüttel und die Wirtschaftspolitik im 18. Jahrhundert. Der Weserdistrict. Begleitbuch zur gleichnamigen Ausstellung im Museum der Porzellanmanufaktur Fürstenberg 23. März – 06. Oktober 2013, Schriften zur Geschichte des Fürstenberger Porzellans 5, Holzminden 2013.

19 JÜRGEN HAGEMANN: Die Entwicklung der Kulturlandschaft im Hils. Historisch-geographische Untersuchungen über das Werk des Oberjägermeisters Johann Georg von Langen im ehemaligen braunschweigischen Weserbezirk. Hannover, 1971.

20 RAINER RÜCKERT: Biographische Daten der Meißener Manufakturisten des 18. Jahrhunderts, Kataloge des Bayerischen Nationalmuseums München, 20. Beiband, München 1990, S. 46.

So berichtete von Langen am 30. August 1746 den »Überfluss« in den Waldungen zu verwerten und dazu eine Porzellanmanufaktur zu errichten und ergänzte: »Dabei ist mir eingefallen, daß Ew. Durchlaucht das alte Schloß Fürstenberg an sich sowohl wie auch die nahe gelegenen Waldungen zu diesem Vorhaben sehr wohl und nützlich gebrauchen können, wenn es zuvörderst vom Kleinen ins Mittlere, vom Mittleren ins Große fortgesetzt wird. Die dazu erforderlichen Materialien sind zwar in dieser Gegend noch nicht vollkommen bekannt, ich setze aber auch den Fall, daß selbe von anderwärts aus hiesigen Ländern angeschaffet werden müssen, so sind doch diese Kosten gegen die Holzkosten garnicht zu vergleichen, mithin der Ort, die Einsamkeit, die Umstände dabei das beste bleibet, auch dieser Gegend die Hoffnung übrig läßt, daß sie von ihrer Sonne, wenn etwas nützliches aufkommt, um so mehr beschienen werde.«

Offensichtlich wurde sogleich mit den Vorbereitungen der Manufakturgründung begonnen, denn am 11. Januar 1747 verfügte der Herzog[21] »Demnach wir gnädigst wollen, daß die mit Verfertigung des echten Porcellains angefangene [sic!] Arbeit auf dem Schlosse zu Fürstenberg, Unser Hof-Jägermeister von Lange fortsetze [sic!]«.

1747 wurde mit dem Bau der Manufaktur in Fürstenberg begonnen. Das alte Schloss war zwar bereits als zukünftiges Manufakturgebäude vorgesehen gewesen und die vorhandenen Gebäudeteile wurden auch als Wohn- und Arbeitsräume der Manufaktur genutzt, doch der eigentliche Aus- und Umbau des Schlosses: Die Überbauung des Burginnenhofes mit zwei Geschossen, der Einbau eines zentralen Treppenhauses zur Erschließung der alten wie neuen Geschosse sowie weitere umfangreiche Ausbauten erfolgte erst ab 1755, nachdem die kontinuierliche Porzellanproduktion gewährleistet war.

Getreu von Langens Vorschlag vom August 1746, »vom Kleinen ins Mittlere, vom Mittleren ins Große« voranzugehen, wurden zunächst erste, kleinere Produktionseinheiten rund 500 Meter östlich vom Schloss bzw. den heutigen Betriebsanlagen der Manufaktur gebaut. Und hier, im ältesten Teil des Brennhauses von 1748/53, wurden die 2006 wieder entdeckten unteren Bereiche der alten Brennöfen ausgegraben, die früheste derartige Anlage in Europa.[22] Als Baumaterial diente der örtlich anstehende Buntsandstein. Der Brennraum wurde mit Backsteinen ausgekleidet, der stark kaolinhaltige weiße Backstein (Abb. 3) gehörte wohl dazu.

21 Niedersächsisches Landesarchiv, Standort Wolfenbüttel, 54 Alt 1, Ia, fol. 6 f.

22 Eine animierte Rekonstruktion findet sich im Internet unter http://www.youtube.com/watch?v=O9V-li7nhbg, Titel: Das erste Porzellan-Brennhaus in Fürstenberg an der Weser (1748–1750) [letzter Zugriff 04.12.2018].

Abb. 3: Weißer Backstein aus einer stark kaolinhaltigen Masse, 25 × 12 × 6,5 cm, Fürstenberg, sog. Altes Brennhaus, 1748/50. Fundort: Verfüllung des Flammraumes von Ofen 1, Fürstenberg, FStNr. 8, Gebäudeteil A, Fund-Nr. 3, Foto: Thomas Krueger

Hier gelang 1750 der erste erfolgreiche Porzellanbrand. Bis 1753 sind insgesamt zwölf Porzellanbrände mit unterschiedlichem Erfolg in dieser Anlage durchgeführt worden, bis eine kontinuierliche, einigermaßen zufriedenstellende und qualitätvolle Produktion dauerhaft gewährleistet war. In dieser Zeit wurde immer wieder an der Ofenkonstruktion weitergearbeitet. Aber auch nachdem die eigentliche Produktion ins nunmehr ausgebaute Schloss Fürstenberg verlegt worden war, wurde weiter an den Ofenkonstruktionen gearbeitet, erfolgten stetige Veränderungen und Verbesserungen. Noch 1774 bezog man sich auf überlieferte asiatische Ofenbauten: In den Archivalien der Porzellanmanufaktur Fürstenberg findet sich ein »Grund- und Profilriß nach dem Maastab C zu einen Porcellain-Glatt-Brand-Ofen, nach der Art ohngefähr wie denselben die Japaneser u. Indianer haben sollen« (Abb. 4).[23]

Die vorhandenen Relikte der frühen Betriebsanlagen der Porzellanmanufaktur in Fürstenberg aus der Mitte des 18. Jahrhundert – neben dem genannten Bodendenkmal gehören dazu auch die drei erhaltenen Gebäude Altes

23 Niedersächsisches Landesarchiv, Standort Wolfenbüttel, 54 Alt 5, 74.

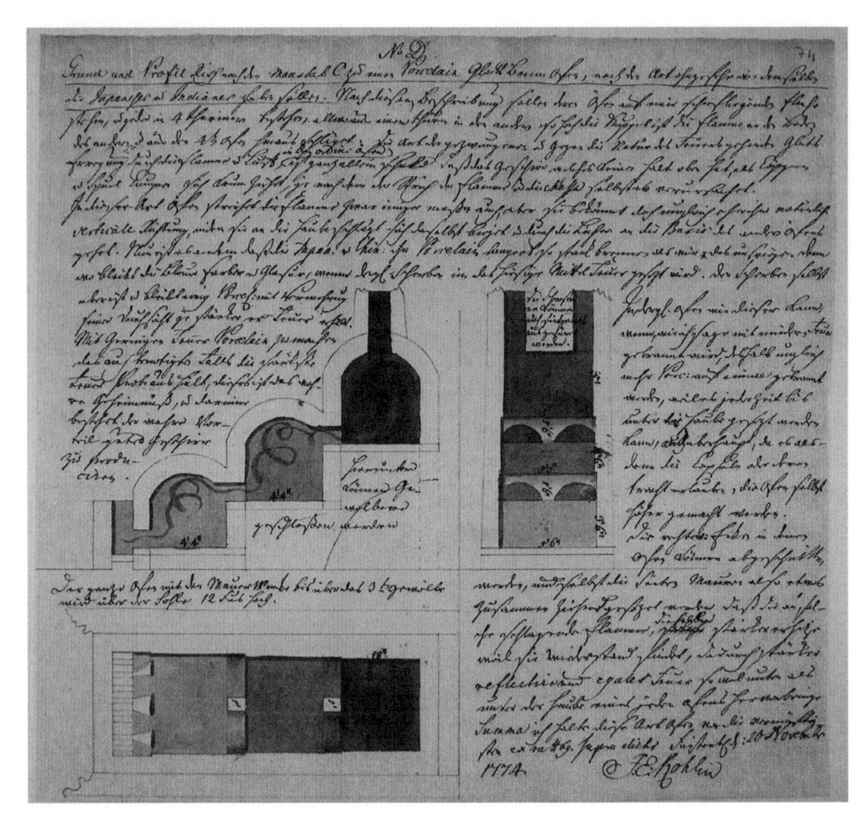

Abb. 4: »Grund- und Profilriß nach dem Maastab C zu einen Porcellain-Glatt-Brand-Ofen, nach der Art ohngefähr wie denselben die Japaneser u. Indianer haben sollen«, 1774. Niedersächsisches Landesarchiv, Standort Wolfenbüttel, 54 Alt 5, 74, Foto: Treptow Göse

Brennhaus, Alte Mühle und das Wohnhaus von-Langen-Reihe – bieten sich zusammen mit der vergleichsweise guten Archivlage in hervorragender Weise an für eine intensive interdisziplinäre Forschung von Bau-, Technikgeschichte und Archäologie der Porzellanherstellung in Europa.[24] So könnten wir verstehen lernen, wie bei aller Unkenntnis die Alchemisten und Arkanisten des 18. Jahrhunderts die wunderbaren Pretiosen, die heute unsere Museen und Sammlungen zieren, zustande gebracht haben.

24 Vgl. dazu auch Niedersächsischer Heimatbund e. V. (Hrsg.), Rote Mappe, 2014, S. 30 f., PDF unter URL: https://niedersaechsischer-heimatbund.de/publikationen/rote-mappe-weisse-mappe/rote-mappe/ [letzter Zugriff 04.12.2018].

STEFAN LAUBE

Von Beuys zu Jung

Reanimationen der Alchemie in der Moderne

Vorurteile dominieren bis heute das Image der Alchemie.* Zu oft sind die Praktiken des Alchemisten als unlauter entlarvt worden. Zu sehr widerspricht das symbolisch-vernetzte Weltbild den experimentellen Analyseverfahren der modernen Wissenschaft. Feuer und Wasser stehen sich gegenüber – um durch zwei der für die Alchemie so grundlegenden vier Elemente einen Befund auszusprechen, der bis heute Bestand hat. Statt Naturwissen zu isolieren, war jede materielle Erkenntnis in ein Netz von Korrespondenzen und Analogien eingebettet, d. h. in eine universale Konfiguration, in die nicht nur Subjekt und Objekt, Forscher und Natur einbegriffen waren, sondern – nicht selten in kunstvoller Spiegelung – auch Mikro- und Makrokosmos. Ganz im Gegensatz zu den Grundsätzen der modernen Naturwissenschaft war alchemisches Wissen darüber hinaus umso aussagekräftiger, je älter es war, je glaubwürdiger es sich auf Autoritäten und Texte aus fernen Zeitaltern stützen konnte, so legendär Person und Quelle auch waren.

Dabei gäbe es Verständigungsbrücken, die die Alchemie nicht als versponnenes historisches Phänomen erscheinen lassen, sondern als Fundgrube für Bedürfnisse der modernen Zeit. Seit geraumer Zeit sind in populärer Kultur, d. h. in den Massenmedien Anzeichen einer Trendwende zu beobachten, die der Suche nach dem Stein der Weisen neues Ansehen verschafft haben. Bei »Leseratten« gilt es, eine wohl kaum versiegende Sehnsucht nach dem Faszinosum »Geheimnis« zu stillen. Für die Riege der Erwachsenen mag man sogleich an die Romane von Umberto Eco denken, bei Kindern sind natürlich die Harry Potter-Bücher von Joanne K. Rowling hoch im Kurs.[1] Befragt man das Vokabular in der medialen Öffentlichkeit, so stellt man fest, dass vermehrt von »Alchemist« die Rede ist. Was will man damit bezeichnen? Gewiss keinen Goldmacher, vielmehr denjenigen, dem es gelingt, aus wenig viel herauszuholen. Drei Beispiele – sie stammen aus Politik, Musik und Sport – seien hier genannt. Ende 2011 hatte Basketball-Trainer Rick Carlisle als ›Alchemist‹ gewirkt und aus Dirk Nowitzki und dessen Mannschaftskollegen jene Dallas Mavericks gemacht, die stärker eingeschätzte Mannschaften der amerikanischen Profiliga wie die Los

* Die Arbeit an dem Artikel wurde gefördert durch die Deutsche Forschungsgemeinschaft (DFG) – Projektnummer 628626.

1 In der British Library war im Herbst 2017 die Ausstellung *Harry Potter – A History of Magic* zu sehen, siehe dazu die gleichnamige Begleitpublikation.

Angeles Lakers zu schlagen in der Lage waren.[2] Dem Klavier als Ort der Verwandlung erklärte Alfred Brendel seine Liebe: »Es eröffnet, wenn der Pianist es will, eine Suggestion der menschlichen Stimme im Gesang, des Timbres anderer Instrumente, des Orchesters, des Regenbogens, der Sphären. Diese Wandlungsfähigkeit, diese Alchemie ist unser Reichtum.«[3] In die Rolle eines »politischen Alchemisten« schlüpfte schließlich Sigmar Gabriel, Parteivorsitzender der SPD, wenige Monate nach der Bundestagswahl von 2013.[4] Das »Blei« stellte mit 25% das bescheidene Wahlergebnis der SPD dar, das drittschlechteste ihrer Geschichte, – daraus sollte nun der »politische Magier« bei den Koalitionsverhandlungen »Gold« in Gestalt von sechs gewichtigen Ministerämtern machen.

Und auch die freiwillige allumfassende elektronische Selbstvermessung des Menschen von heutzutage durch Fitness-Armbänder und smarte Uhren wird als Selbstveredelungsmaschinerie in »digitale Alchemie« übersetzt.[5] »Alchemie« bzw. »Alchemist« scheint zu einem Referenzpunkt im öffentlichen Wortgebrauch geworden zu sein, wobei sich der ursprüngliche Bedeutungskontext verflüchtigt hat bzw. nur noch der Gedanke von Recycling, Frischzellenkur und Selbstoptimierung zum Ausdruck kommt. In den Zeiten, die in der Ausstellung *Goldenes Wissen*[6] behandelt worden sind, d. h. zwischen dem 15. und dem 18. Jahrhundert, war hingegen die Vorstellung, im Reich der Metalle aus Blei Gold zu machen, keineswegs abwegig, liefert doch die Natur eine Fülle von Um- oder Verwandlungen: Wasser gefriert zu Eis, Raupen verpuppen sich zu Schmetterlingen, aus Kastanien wachsen riesige Bäume. Metamorphosen bzw. Transmutationen scheinen allgegenwärtig zu sein. Warum also nicht auch Metallen einen Wandlungsprozess unterstellen!? Im unreifen metallischen Zustand hat man es noch mit Eisen zu tun, im ausgereiften mit Silber, im perfekten Endzustand mit Gold. Der Goldmacher versucht nun nichts Anderes, diese von Natur aus sehr langsam ablaufende Entwicklung zu beschleunigen – mit Hilfe des Steins der Weisen, der weder ein Stein noch Gold war, sondern meist als ein rötliches Pulver hoher Konsistenz beschrieben wurde, das als Medium der Umwandlung fungierte. An die wunderbare Stofflichkeit des *Lapis Philosophorum* ge-

2 JÜRGEN KLAWA: Der Basketball-Alchemist, in: Frankfurter Allgemeine Zeitung 300 (24.12.2011), S. 30.

3 ALFRED BRENDEL: A bis Z eines Pianisten. Ein Lesebuch für Klavierliebende. Mit Zeichnungen von Gottfried Wiegand, München 2012, S. 56.

4 Handelsblatt (16.12.2013), S. 1.

5 STEFAN SELKE: Digitale Alchemisten, in: Süddeutsche Zeitung (30. Juni 2017).

6 PETRA FEUERSTEIN-HERZ, STEFAN LAUBE (Hrsg.): Goldenes Wissen. Die Alchemie – Substanzen, Synthesen, Symbolik, Ausstellungskataloge der Herzog August Bibliothek 98, Wolfenbüttel 2014, Nachdruck 2016.

langt der Alchemiker nur dann, wenn er imstande ist, seine innere Einstellung in eine kongeniale Verfassung zu bringen.

Diese Vorstellungen von einer Korrelation zwischen dem Forscher und seinem Gegenstand sollten immer mehr verblassen, als sich zu Beginn des 18. Jahrhunderts der kartesianische Zugang zur Welt zu etablieren beginnt. Die Natur wurde zu einem passiven Objekt reduziert, das nach mechanischen Gesetzen von Gewicht und Quantität, von Atomen und Molekülen funktioniert. Zwischen Geist und Materie tat sich eine Kluft auf, die bis heute nicht geschlossen werden konnte. Die Entzweiung von bewusstem Geist und entseelter Materie ermöglichte die Verwandlung der Natur in *res extensa* und machte sie technisch verfügbar. Seit Aufklärung und Industrialisierung geht die Entgötterung der Welt mit einer Entseelung der Materie einher. Der messende, wägende, zählende Verstand ermöglichte eine bis dahin nicht gekannte Willfährigkeit der Materie im Angesicht moderner Technik. Das alchemische Weltbild funktioniert anders: Die Natur ist eine Persönlichkeit, sie ist lebendig und strebt nach Vollkommenheit. Und der Mensch, als Individuum und Modell direkt in sie eingebunden, kann nicht handeln, wie ihm beliebt. Der gesamte chemische Prozess wurde nicht wie heute in logischen Formeln wiedergegeben, sondern mitunter in der leidenschaftlichen Sprache von Liebe und Hass. Alles war belebt: Metalle wurden geboren, sie wuchsen heran, sie heirateten und vollzogen den Koitus. Es lag nahe, der Alchemie in diesem Vorstellungskontext ihren wissenschaftlichen Charakter abzusprechen. Dabei ist der Weg zur modernen Naturwissenschaft nicht so eindimensional verlaufen, wie uns das lange Zeit die Wissenschaftsgeschichtsschreibung glauben machen wollte: »Die Alchemie ist niemals etwas anderes als die Chemie gewesen; ihre beständige Verwechselung mit der Goldmacherei des 16. und 17. Jahrhunderts ist die größte Ungerechtigkeit.« So Justus von Liebig, der Doyen der modernen Chemie in seinen viel gelesenen *Chemischen Briefen*.[7] Wenn es auch wohl nie gelungen ist, Blei zu Gold zu veredeln oder die Formel der Unsterblichkeit zu finden, wurden dennoch in den alchemischen Laboratorien Wege zur Chemie gebahnt. Viele Sucher nach dem Stein der Weisen waren im Bergbau, in der Metallurgie und in der Töpferei an praktischen Entdeckungen beteiligt. Die Destillation von Alkohol sowie die Herstellung von Phosphor gehen auf alchemische Versuche zurück. Alchemiker entdeckten die Schwefelsäure, Salpetersäure und Ammoniak. Johann Friedrich Böttger ging als Erfinder des Porzellans, des »weißen Goldes«, in die Geschichte ein. Die Liste ließe sich problemlos fortsetzen.

7 Sie erschienen Mitte des 19. Jahrhunderts in der Augsburger Allgemeinen Zeitung. JUSTUS VON LIEBIG: Chemische Briefe, dritte umgearbeitete und vermehrte Auflage, Bd. 1, Leipzig 1859, S. 67.

Aber nicht nur Protagonisten des Naturwissens schöpften Profit aus dem reichhaltigen Wissensfeld der Alchemie, ebenso ließen sich prominente Künstler und Kulturwissenschaftler aus dem 20. Jahrhundert vom Ideenreichtum der Alchemie inspirieren. Eine Wissenskultur, die die innersten Zusammenhänge der Welt durchschauen will, musste ambitionierte Künstler der Moderne ansprechen, zumal sich die moderne Naturwissenschaft von dieser Grundsatzfrage zunehmend distanzierte.[8] Auch Kulturwissenschaftler fühlten sich vom Ideenreichtum der Alchemie herausgefordert. Während der Wissenschaftsphilosoph Alexandre Koyré die ausgeprägte Neugier des Alchemikers in der Renaissance zu einem anregenden Faktor des wissenschaftlichen Durchbruchs machte, stellte der Religionswissenschaftler Mircea Eliade den Gedanken des organischen Wachstums der Metalle im Mutterschoß des Berges heraus: ein Gedanke anthropologisch-universaler Natur, der nicht nur im Abendland und in China verbreitet war, sondern anscheinend überall, wo Menschen mit Metallen in Berührung kamen.[9] In den zeichentheoretischen Überlegungen Umberto Ecos spielt die Formel der »hermetischen Semiose« eine große Rolle, also die von jedem Alchemiker auszubalancierende Gratwanderung zwischen Zeigen und Codieren. Der nach geschichtlichen Grundlagen Ausschau haltende Psychologe Carl Gustav Jung sah konkrete Parallelen zwischen der Psychologie des Unbewussten und der Bildsprache der Alchemie. Dass Alchemie weitaus mehr bedeuten kann als eine Pervertierung moderner Chemie ist nicht zuletzt diesen innovativen Ansätzen zu verdanken, deren Charme auch darin besteht, dass sie bei Erscheinen unzeitgemäß erschienen.

Beuys' »soziale Plastik«

Der Künstler als Alchemiker, der kreativ mit Stoffen umgeht, war in der bildenden Kunst des 20. Jahrhunderts stark präsent, vom Surrealismus in den 1920er Jahren bis zur Aktionskunst in den 1980er Jahren. Gerade im deutschsprachigen Raum fiel alchemisches Gedankengut auf fruchtbaren Boden – von Sigmar Polke über Rebecca Horn bis zu Joseph Beuys.[10] »Schmied sein möchte ich und dem klingenden magischen Metall Form

8 ULLI SEEGERS: Alchemie des Sehens. Hermetische Kunst des 20. Jahrhunderts. Antonin Artaud, Yves Klein, Sigmar Polke, Köln 2003.

9 WALTER CLINE: Mining and Metallurgy in Negro Africa, Menashy (Wisconsin) 1937.

10 URSZULA SZULAKOWSKA: The Paracelsian Magus in German Art. Joseph Beuys and Rebecca Horn, in: JACOB WAMBERG (Hrsg.): Art & Alchemy, Kopenhagen 2006, S. 171–192.

Abb. 1: Magdalena Broska: Joseph Beuys' Hasenschmelzaktion, documenta 7, Kassel, 1982. Archiv Künstlerischer Fotografie der rheinischen Kunstszene (AFORK), Museum Kunstpalast Düsseldorf

geben«, schrieb Joseph Beuys in einem frühen Gedicht von 1948. Und auf einem späteren Blatt notierte er: »Das Problem des Bergbaus ist ein geistiges.«[11] Beuys, so wird deutlich, begriff die Tätigkeit des bildenden Künstlers als Arbeit an der Materie, die stets eine geistige Entwicklung auslöst. Eine Vorführung der besonderen Art fand am 30. Juni 1982 im Rahmen der documenta 7 in Kassel statt. In einer öffentlichen Aktion schmolz Joseph Beuys die Kopie einer Zarenkrone Iwans des Schrecklichen ein, nicht ohne dabei berühmte Alchemisten anzurufen (Abb. 1). Aus dem verflüssigten Gold goss er sich einen Friedenshasen.[12] Dieses ebenso bewegliche wie fruchtbare Tier war für Beuys im Zeitalter der Blockkonfrontation und Aufrüstung ein Symbol der eurasischen Annäherung von Ost nach West bzw. von West nach Ost. Dem Friedenshasen als Symbolträger wurde sogar zugetraut, Picassos Friedenstaube abzulösen.[13]

11 Zit. nach: DEDO VON KERSSENBROCK-KROSIGK, SVEN DUPRÉ u.a. (Hrsg.): Kunst und Alchemie. Das Geheimnis der Verwandlung, Ausst.-Kat. Museum Kunstpalast Düsseldorf, Düsseldorf 2014, S. 208.

12 Ebd., S. 216.

13 Ein Sammler ersteigerte den Hasen für DM 770.000,- und überließ ihn als Dauerleihgabe der Staatsgalerie Stuttgart. Beuys finanzierte mit dem Erlös sein ökologisches Projekt der »7.000 Eichen«.

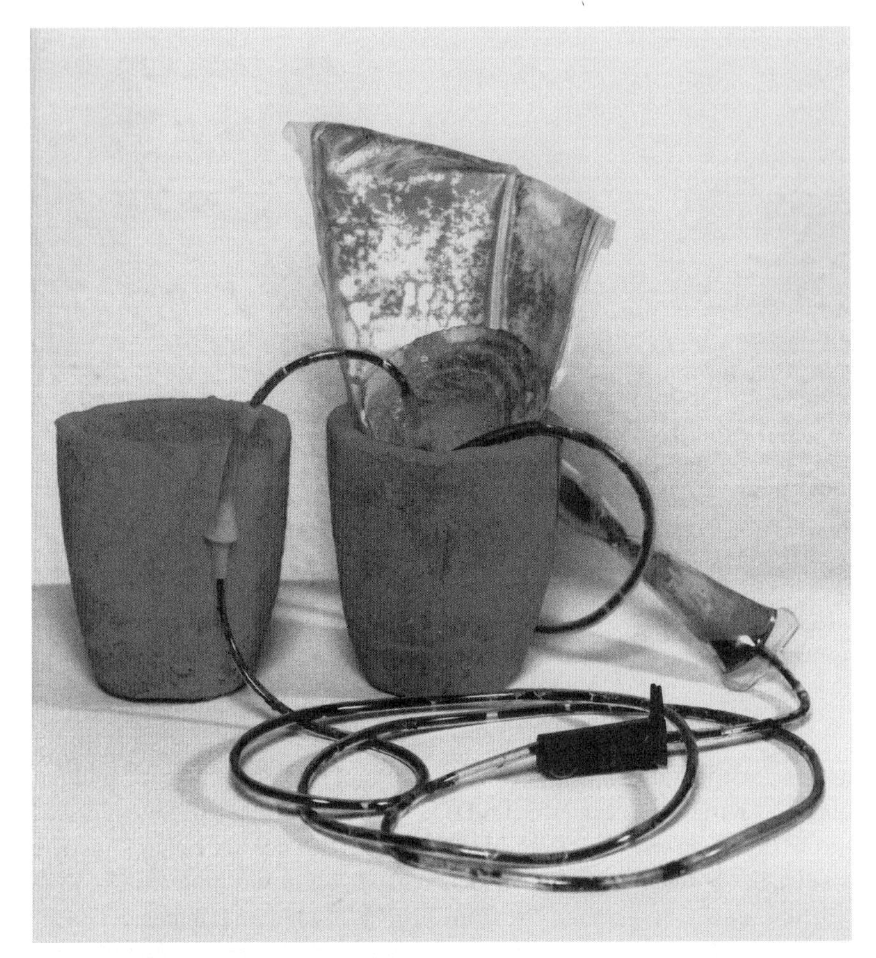

Abb. 2: Joseph Beuys: Alarm II, 1983. Kunstsammlung NRW, Düsseldorf, Sammlung Ulbricht

Beuys' theoretische Beschäftigung, sein Umgang mit Stoffen und Materialien wird von künstlerischen Praktiken begleitet, die experimentellen Charakter haben. Ein weiteres Beispiel: *Alarm II* aus dem Jahr 1983 (Abb. 2). Es besteht aus einem laborähnlichen Arrangement, d. h. zwei mit Zinnoberrot bestrichenen Schmelztiegeln; im rechten befinden sich eine Muschel und ein benutzter Bluttransfusionsbeutel mit Schlauch. Zinnober ist das, was herauskommt, wenn man Quecksilber und Schwefel zusammenbringt. Diese tatsächlichen Stoffe verweisen auf die alchemischen Prinzipien Mercurius und Sulphur – die beiden Grundprinzipien des Schmelzbaren und des Brennbaren, aus denen – so das Credo der Alchemie – alle Metalle bestehen und deren Reinigung und Wiedervereinigung im idealen Mengenverhältnis zum Stein der Weisen führen sollte. Als Vereinigung des weiblichen Prinzips Mercurius und des männlichen Prinzips Sulphur verkörpert Zinnober auch die »chymische Hochzeit«. Mit Quecksilber und Blutkonserve, die Assoziationen an Fieberthermometer und einen Krankheitszustand wachrufen, verband Beuys die Indikation einer Krisensituation. Die Innenseite der Muschel ist mit Kupfersulfat überzogen, das die Alchemiker Vitriol nannten und das – im Umfeld der Rosenkreuzer zum Beispiel – mit dem Stein der Weisen in Verbindung gebracht wurde. Dieses irritierende Ding-Arrangement verweist also auf einen Vorgang, der mit Krise, Transformation und Heilung beschrieben werden kann.[14]

Unter dem Einfluss der Schriften von Paracelsus, Goethe, Novalis und Steiner entwickelt Beuys in den 1950er Jahren die Denk- und Kunstfigur einer »plastischen Theorie«, die aus Umwandlung und Transformation ein Medium humaner Befreiung machte. Er brachte unseren Begriff von Skulptur ins Fließen und löste ihn gleichzeitig auf, indem er seine Vision in Aktionen überführte, die zwischen Happening, Pantomime und schamanischen Ritualen angesiedelt waren. Zwar ist nicht gesichert, wie weit Beuys' Kenntnisse der historischen Alchemie tatsächlich reichen,[15] sicher ist aber, dass er mit der Anthroposophie Rudolf Steiners ebenso vertraut war wie mit Goethes Metamorphosenlehre. Mit hoher Wahrscheinlichkeit hat er sich mit Paracelsus beschäftigt, für den der Lebensprozess ein alchemischer Prozess gewesen ist, der sich in die universellen Prinzipien Schwefel, Quecksilber und Salz aufspalten lässt. Daran sollte Armin Zweite anknüpfen, langjähriger Direktor des Kunstmuseums Lenbachhaus in München, der das für den künstlerischen Prozess maßgebliche plastische Prinzip à la Beuys von der Trias »Chaos – Bewegung – Form« geprägt sah.[16]

Für Beuys waren Kunstschaffen, Lehre und politisches Engagement untrennbar miteinander verbunden. Um komplexe Denkprozesse zu veranschaulichen, revolutionierte er die Bildhauerei mit neuen Materialien, die er als Metaphern für psychische Zustände einsetzte. Weniger Metalle als Materialien wie Filz, Fett und Honig erlangten bei ihm Kunstqualität. Bei der Aktion »wie man dem toten Hasen die Bilder erklärt« verkündet Beuys, dass

14 Kunst und Alchemie (s. Anm. 11), S. 210.

15 Beuys' Äußerungen zur Alchemie sind eher rar gesät; ANTJE VON GRAEVENITZ: Erlösungskunst und Befreiungspolitik: Wagner und Beuys. Gespräche vom 20.11.2007, in: GABRIELE FÖRG (Hrsg): Unsere Wagner: Joseph Beuys, Heiner Müller, Karlheinz Stockhausen, Hans Jürgen Syberberg, Frankfurt a.M. 1984, S. 11–49, hier S. 19, S. 34 f. u. S. 42.

16 ARMIN ZWEITE: Die plastische Theorie von Joseph Beuys und das Reservoir seiner Themen, in: JOSEPH BEUYS: Natur, Materie, Form, hrsg. von DEMS., München–Paris–London 1991, S. 13–30; s. auch LAURA ARICI: Art. »Alchemie«, in: Beuysnobiscum: Begriffe von Akademie – Zukunft, in: Joseph Beuys. Ausst.-Kat. im Kunsthaus Zürich 26.11.1993–20.2.1994, Zürich 1993, S. 240 f.

es nicht der Fähigkeit des Menschen entspreche, wie die Bienen den pflanzlichen Nektar zu Honig veredeln, vielmehr komme es darauf an, Ideen zu erzeugen und abzugeben. Das Denken ist für den Bildhauer also die eigentliche, elementare Stufe der Plastik. Das Ziel besteht darin, Logik mit Spiritualität in eine Einheit zu bringen, den einseitig materiell ausgerichteten, die Menschheit in ihrem Bewusstsein und in ihrem Handeln einschränkenden Wissenschaftsbegriff aufzubrechen. Mit der »Sozialen Plastik« brachte Beuys sein erweitertes Kunstverständnis zum Ausdruck. Die Ausübung von Kunst war ein ganzheitlicher Wahrnehmungs- und Erkenntnisprozess, an dem jeder Mensch partizipieren soll, denn: »Jeder Mensch ist ein Künstler«. Dieser Bewusstseinsprozess ist beweglich, lebendig und fließend und changiert zwischen Gegensätzen – zwischen Chaos und Ordnung, Wärme und Kälte, dem Organischen und Kristallinen.

Eliades heilige Materie

Beuys' leidenschaftliche Hinwendung zur Formkraft organischer Materialien spiegelt sich im adorierenden Umgang früher Kulturen mit physischen Stoffen, der im Fokus des aus Rumänien stammenden Religionswissenschaftlers Mircea Eliade steht. In seinem 1956 in Paris erschienenen Buch *Forgerons et alchimistes* [Schmiede und Alchemisten] versetzt er die Alchemie in die Tradition der frühgeschichtlichen Metallurgie und verweist auf die bei Schmelzern, Schmieden und Alchemikern geübten Initiationsriten. Schon in rumänischsprachigen Beiträgen aus den Jahren 1935 und 1937 – *Alchimia Asiatică* – und – *Cosmologie çi Alchimie babilonionă* – hatte Eliade seine global ausgreifende Argumentation entfaltet. Das Buch *Schmiede und Alchemisten* trägt in der deutschen Übersetzung den Untertitel »Mythos und Magie der Machbarkeit«. Das Machbarkeitsdenken sei keine Erfindung der Neuzeit, so Eliade. Bereits der prähistorische Mensch habe in den natürlichen Entwicklungsprozess eingegriffen, in dem er Erze zu Tage förderte und einschmolz. Aber während der moderne Mensch die Natur entheiligt hat, damit er sie rigoros ausbeuten kann, war für den *homo faber* in archaischen Gesellschaften die Materie stets magisch-religiös aufgeladen. Die Erde und ihr Inneres ist nach Eliade ein lebendiges Wesen, ein Muttertier, dem man sich mit gynäkomorphen Metaphern annähert. Eliade spricht im Rahmen von »terra mater« und »petra genitrix«, von »Mutter Erde« und »erzeugendem Stein«, gar von einer »sexualisierten Welt«.[17] Der Mensch sei in

17 MIRCEA ELIADE: Schmiede und Alchemisten. Mythos und Magie der Machbarkeit, aus dem Frz. von EMMA VON PELET, Freiburg 1992 (frz. Orig. 1956), S. 40–44.

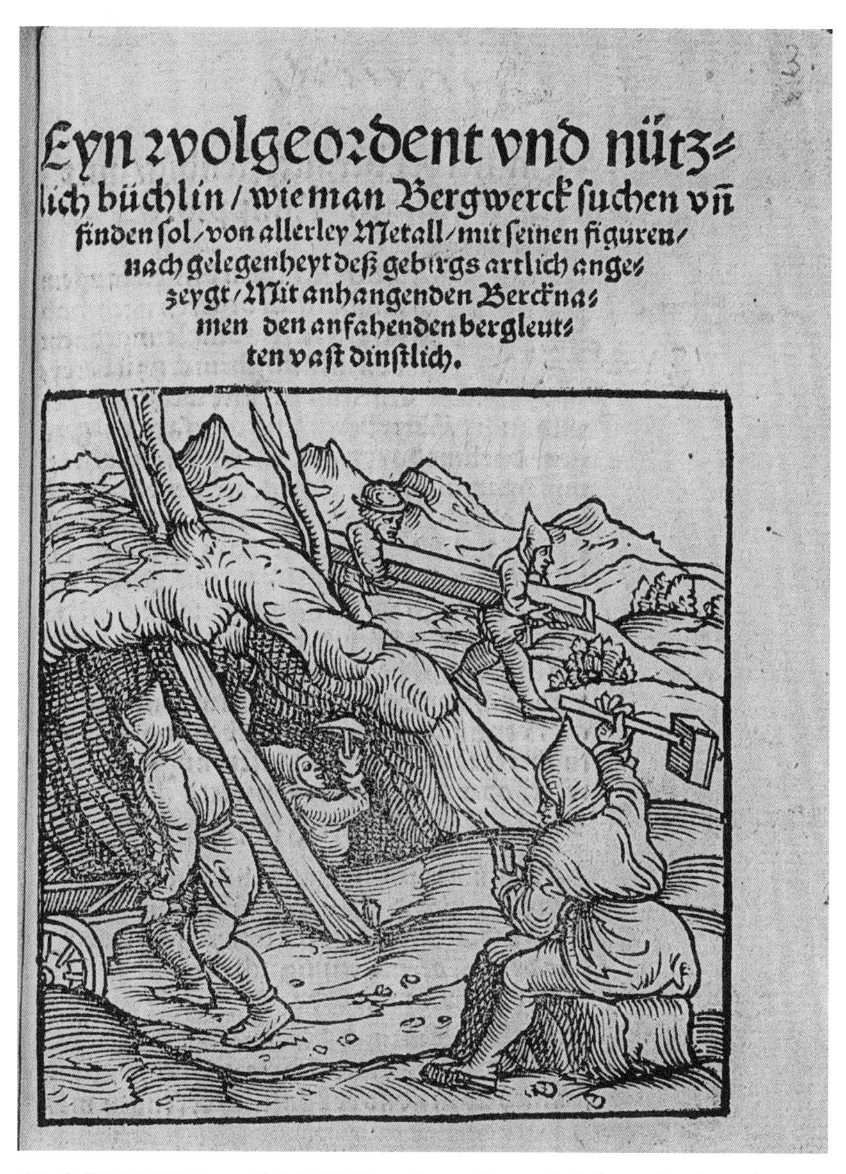

Eyn wolgeordent vnd nütz-
lich büchlin / wie man Bergwerck suchen vñ
finden sol / von allerley Metall / mit seinen figuren /
nach gelegenheyt deß gebirgs artlich ange-
zeygt / Mit anhangenden Berckna-
men den anfahenden bergleut-
ten vast dinstlich.

Abb. 3: [Ulrich Rülein von Calw]: Büchlin, wie man Berwerck finden und suchen sol, Worms 1518, Titelblatt. HAB Wolfenbüttel: 416. Quod.

der Lage, durch rituelles Verhalten und technische Fertigkeiten, die Roherze aus dem Uterus der Erde zu entbinden.

Das in der Wolfenbütteler Ausstellung *Goldenes Wissen* gezeigte Bergbüchlein von Ulrich Rülein von Calw aus dem Bestand der Herzog August Bibliothek, Anfang des 16. Jahrhunderts in mehreren Auflagen erschienen, trägt Eliade'sches Gedankengut in sich (Abb. 3). Der Autor ist vor allem als

Montanwissenschaftler und Städtebauer von Annaberg im Erzgebirge bekannt geworden. Rülein stellt sich die Frage, wo sich Erze bilden und wie sie am besten abgebaut werden können. Der Gedanke der Naturausbeutung ist dem *Bergbüchlein* fremd. Vielmehr gilt es, die fruchtbare Kraft der Mutter Erde abzuschöpfen. Dahinter steckt die Vorstellung, dass die Metalle durch die Interaktion von himmlischem Impuls und irdischer Schöpfungskraft erzeugt würden. Das *Bergbüchlein* begnügt sich also nicht damit, das Wachstum der Metalle zu propagieren. Es liefert auch eine Erklärung, der zufolge die Bildung der Metalle durch die Gestirne bestimmt wird. Besonders relevant für diesen Zusammenhang ist das erste Kapitel, in dem der Autor naturphilosophische Gedankengänge aus der Alchemie entfaltet. Zur »wachsung und Geburt« der Erze und Metalle gehört ein »Wircker«, d.h. ein Tätigkeitsprinzip, das von außen kommt, sowie ein »underworfen ding«, die passive Materie, die die Einwirkung empfängt. Beim »Wirker« handelt es sich um die Lichtstrahlung, die vom Firmament auf die Erde trifft, beim »unterworfen ding« um die aristotelische Ursubstanz als Träger der Eigenschaften, die sich in jedem materiellen Stoff verbirgt. Jedes Erz wird nun von dem Planeten, nach dem es benannt ist, zur Reife gebracht. Viele waren der Überzeugung, Erze könnten wieder nachwachsen, vorausgesetzt die Mineraliensamen waren nicht zerstört worden. Würde man ihnen genügend Zeit zu ihrer Entwicklung lassen, würde sich jedes Erz vervollkommnen, d.h. letztlich zu Gold entwickeln. Schon in der Antike war die Vorstellung verbreitet, stark genutzte Bergwerke eine gewisse Zeit ruhen zu lassen, damit die Bodenschätze Gelegenheit hatten, sich zu regenerieren, d.h. buchstäblich wieder nachzuwachsen.

Der Goldmacher macht nun nichts anderes, als diese Entwicklung zu beschleunigen. Wie der Töpfer und der Schmied erweist er sich als ein Meister des Feuers. Das Feuer ist das Schlüsselmedium der Transmutation, es bewirkt den Übergang der Materie von einem Zustand in einen anderen. Im Ofen, in der tellurischen Matrix vollenden die Erzembryonen ihr Wachstum. Alchemiker sind Aktivisten. Trotzdem behandeln sie Metalle mit Ehrfurcht. Metalle wurden als heilige lebendige Wesen betrachtet, als Körper mit Seele und Leidenschaften. Sie traten in eine persönliche Beziehung zum Menschen, der ihnen mit Hilfe von Gebeten und Riten neue Formen abrang. Für Alchemiker ist Materie nie tot, sie pulsiert, ist lebendig – eine Idee, die auch der modernen Naturwissenschaft nicht mehr so fremd anmutet, seit vor gut dreißig Jahren James E. Lovelock mit seinem Buch *Gaia – A New Look of Life on Earth* (Oxford 1979) eine lebhafte Debatte auslöste. Die Lebewesen auf unserem Planeten leben nicht auf einem leblosen Gebilde, das aus Gestein und Wasser besteht. Allein schon die Konstanz des hochreaktiven Sauerstoffs in der Atmosphäre, der eigentlich verschwinden müsste, spreche dafür, dass es sich bei der Erde um einen Superorganismus handeln müsse.

Ferment des wissenschaftlichen Durchbruchs

Die sich in der Renaissance ausbreitende Alchemie fungierte im ideen- und wissenschaftsgeschichtlichen Rückblick von innovativen Denkern des 20. Jahrhunderts als ein wichtiger Impulsgeber der sogenannten wissenschaftlichen Revolution im 17. Jahrhundert.[18] Alexandre Koyré war einer der ersten, der das alchemische Wissensfeld im Rahmen der sich etablierenden modernen Wissenschaften aufwertete. Bereit, jedem Zeitalter eine bestimmte Denkweise zuzuordnen, beschreibt er in seiner berühmten Studie über Paracelsus das 16. Jahrhundert als »eine Zeit, die so voller Neugier, Leben und Leidenschaft war«.[19] Die Lust auf Unbekanntes zeigt sich auch in der Wiederentdeckung alter Textquellen, die als verschollen angesehen wurden, wie das von Marsilio Ficino erstmals ins Lateinische übersetzte *Corpus Hermeticum*, eine der zentralen Schriftsammlungen zur Alchemie. Nach Koyrés Auffassung hat die grenzenlose Neugierde der Alchemiker in einer Umbruchszeit einen epistemischen Gärungsprozess ausgelöst, ohne den es deutlich schwieriger gewesen wäre, scholastisch verkrustete Denkweisen aufzubrechen. Nicht zuletzt die Alchemiker hätten den geschlossenen, wohlgeordneten, geozentrisch ausgerichteten mittelalterlichen Kosmos dynamisiert und den Weg in die Dimensionen eines unendlichen Universums gebahnt.[20] Erst mit Hilfe des ausschweifenden Denkens in der Alchemie, welches auch das Unmögliche einbezog, konnte die auf Aristoteles zurückgehende mittelalterliche Ontologie und Kosmologie zum Einsturz gebracht werden. Der Blick ins Innere von Materialien fungiert seit jeher als Motor von Imagination und Erkenntnisdrang, gerade in einer Zeit, als sich der Mensch im Mittelpunkt eines neoplatonisch gefärbten Kosmos wähnte. Die Wissenschaftsgeschichte in der Tradition der Ansätze Aby Warburgs sollte daran anknüpfen. Ihr Interesse für hermetisch-neoplatonische Literatur rückte auch das alchemische Naturverständnis in den Fokus der Forschung. Frances A. Yates, die ab 1937 in London am Warburg Institute forschte, stellte in ihrem Buch *Giordano Bruno and the Hermetic Tradition* (London–New York 1964) und in nachfolgenden Aufsätzen die anregende These auf, die neuzeitliche Wissenschaft und ihre technischen Anwendungen sei erst durch hermetisch-magische Verfahren der Renaissance ermöglicht worden.

18 S. bes. SABINE BAIER: Feuerphilosophen. Alchemie und das Streben nach dem Neuen, Zürich 2015, S. 46–63.

19 ALEXANDRE KOYRÉ: Paracelsus (1493–1541), aus dem Frz. von THOMAS LAUGSTIEN, mit einem Nachwort von SABINE BAIER, Zürich 2012 (frz. Orig. 1971), S. 7. Der Text ist bereits 1933 entstanden.

20 ALEXANDRE KOYRÉ: Von der geschlossenen Welt zum unendlichen Universum [1957], Frankfurt a. M. 2008.

Gegenüber den Abschirmungsstrategien der Wissenschaftshistoriographie des 19. und 20. Jahrhunderts, die auf dem Kontrast einer rückwärtsgewandten Alchemie und einer modernen, fortschreitenden Wissenschaft basierte (»whig history«), vermittelten derartige Forschungen ein überraschendes Bild.[21] Wenn auch das Yates-Paradigma inzwischen einer Revision unterzogen wurde, ist der Übergang bei Weitem nicht so geradlinig verlaufen, wie es die plakative Rede von der *Scientific Revolution* suggeriert. Isaac Newton ist nur das prominenteste Beispiel für einen Naturwissenschaftler, der sich zugleich als Alchemiker verstand.[22] Das alchemische Weltverständnis war ebenso experimentell wie spekulativ. Im Rückblick scheint sich im alchemischen Zugang ein notwendiges Übergangsstadium zu konstituieren, das eine direkte und unverstellte Kommunikation mit Materialien und Stoffen anstrebt, aus der später die empirisch, induktiv voranschreitende moderne Wissenschaft hervorgehen sollte.

Koyrés Gedanke, die Blütezeit der Alchemie in der frühen Neuzeit in Korrelation mit einer autonomen Denkkultur zu bringen, sollte Michel Foucault in seinem epochemachenden Werk *Les mots et les choses* [1966] weiterentwickeln, indem er der Renaissance ein strukturelles Analogiedenken zuschrieb, das sich aus äußerlichen Ähnlichkeiten konturierte und mit dem man Erscheinungen des Makro- und Mikrokosmos kurzschließen konnte. Dieses Denkmodell sollte vor allem in der Transmutationsalchemie auf fruchtbaren Boden fallen. Foucaults Hauptquelle für einen Wissensdiskurs, der aus dem Prinzip von Analogie und Ähnlichkeit über Disziplinen hinweg Muster der wissenschaftlichen Klassifikation ausbildet, stellt das heilkundliche Signaturenbuch des Paracelsisten Oswald Croll dar, das seiner wirkmächtigen *Basilica Chymica*, die 1609 erstmals erschien, eingebunden war.

Ecos »hermetische Semiose«

Dass das Analogiedenken eine irrationale Deutung seiner Gegenstände vornimmt, da jede Deutung neue Deutungsmöglichkeiten eröffnet, ohne dass die Interpretation jemals sinnvoll abgeschlossen werden könnte, ist Umberto Ecos, 1990 erstmals erschienenem Buch *I limiti dell'interpretazione* [Die

21 KASPAR VON GREYERZ: Alchemie, Hermetismus und Magie. Zur Frage der Kontinuitäten in der wissenschaftlichen Revolution, in: HARTMUT LEHMANN, ANNE-CHARLOTT TREPP (Hrsg.): Im Zeichen der Krise. Religiosität im Europa des 17. Jahrhunderts, Göttingen 1999, S. 415–432; CHARLES WEBSTER: From Paracelsus to Newton. Magic and the Making of Modern Science, Cambridge 1982.

22 JAN GOLINSKI: The Secret Life of an Alchemist, in: JOHN FAUVEL, RAYMOND FLOOD, MICHAEL SHORTLAND (Hrsg.): Let Newton Be. A New Perspective on His Life and Work, Oxford 1988, S. 146–167.

Grenzen der Interpretation] zu entnehmen. Eco entwirft unter Berufung auf das Wissensfeld der Alchemie ein Modell zur Analogiebildung, das er »hermetische Semiose« nennt. So wird in der Alchemie Gold mit der Sonne analogisiert, denn beide strahlen in einer ähnlichen Farbe. Die Sonne wiederum, die ja in fast allen Sprachen, nur nicht im Deutschen, grammatikalisch dem männlichen Geschlecht angehört, verkörpert das wirkende Tätigkeitsprinzip des Mannes. Der Mann steht in der Alchemie wiederum für das Prinzip des Brennbaren und Festen, also für Sulphur. Ein Iterationsmechanismus hievt den Gegenstand durch Verweis stets auf eine zusätzliche Bedeutungsebene, die dann aber selbst wiederum Sinn und Verweisungskraft besitzt. Hermetisches oder alchemisches Denken erzeugen für Eco oft überzogene oder gar paranoide Deutungen, da es potenziell unabschließbare Analogieschlüsse ermöglicht. In der Alchemie identifiziert der italienische Schriftsteller und Zeichentheoretiker ein System der »universellen Sympathie und Ähnlichkeit«, das durch Außerkraftsetzung des Identitäts- und Widerspruchsprinzips gekennzeichnet ist. An deren Stelle tritt das Gesetz des Zusammenfalls der Gegensätze, die »coincidentia oppositorum«. Alchemie ist ein Wissensfeld, das nach folgender Regel funktioniert: Alles, was in analytischer Trennung eindeutig ist, ist letztlich falsch, richtig ist hingegen das Vieldeutige, welches auf das Ganze bezogen werden kann. So findet man zum Stein der Weisen keine empirischen Abbilder, vielmehr kann sich an ihm eine Symbolik entfalten, die aus der Vereinigung von Gegensätzen schöpft. Die von »hermetischer Semiose« geprägte Alchemie ist deswegen für Außenstehende so verwirrend, weil jeder Ausdruck nie das sagt, was er sagen zu wollen scheint. Wenn es den Anschein hat, dass von Substanzen wie Gold, Silber, Quecksilber gesprochen wird, ist in Wirklichkeit von etwas anderem die Rede, nämlich vom Quecksilber-Prinzip oder dem Gold der Philosophen. Die Lektüre von alchemischen Texten kann daher so manchen Leser schwindelig machen bzw. vor eine große Geduldsprobe stellen. Denn der Text will gleichzeitig Offenbarung und Verhüllung eines Geheimnisses sein. Er gibt vor, das zu sagen, was seiner eigenen Aussage nach nicht gesagt werden soll. Alchemische Anweisungen verbargen sich hinter Paradoxa: »Wenn man sagt, der Stein sei Wasser, so spricht man die Wahrheit; wenn man sagt, er sei kein Wasser, so ist auch das nicht falsch.«[23] Im Zeigen von Rätsel, Symbol und Allegorie wurde in alchemischen Kreisen ein Wissen publik gemacht und gleichzeitig geheim gehalten. »Wo immer wir offen gesprochen haben, haben wir (eigentlich) nichts gesagt. Aber wo wir etwas

23 THOMAS NORTON: The Ordinall of Alchemy [1477], zit. nach ALLISON COUDERT: Der Stein der Weisen. Die geheime Kunst der Alchemisten, aus dem Engl. übersetzt von CHRISTIAN QUATMANN, Herrsching 1992 (amerik. Orig. 1980), S. 72.

verschlüsselt haben, dort haben wir die Wahrheit verhüllt,«[24] heißt es bei Geber Latinus im *Rosarium Philosophorum*, einer Kompilation alchemischer Exzerpte aus dem 14. Jahrhundert. Was die bewusst erzeugte Verwirrung wieder reduziert, ist die Tatsache, dass sich in den so unterschiedlichen Worten und Metaphern stets das gleiche Geheimnis spiegelt. Was die Alchemiker auch verbal von sich geben, dahinter steckt immer derselbe Sinn. Selbst wenn ihre Aussagen diametral divergieren, so garantiert gerade das ihre tiefe Übereinstimmung: »Wisset, daß wir alle übereinstimmen, was immer wir auch sagen [...]. Der eine erhellt, was der andere verborgen hat, und wer wirklich sucht, kann alles finden.«[25]

Jungs kollektives Unbewusstes

Das Weltbild der Alchemie ist animistisch – alles war beseelt, vom Kosmos über die Natur bis zum Menschen. Ganz anders die technologisch-wissenschaftliche Welt, in der physikalisch-chemische Notwendigkeiten regieren und sich der ursprünglich beseelte Kosmos in eine kalte anorganische Natur verwandelt. Der tiefenpsychologische Zugang von Carl Gustav Jung geht davon aus, dass dem modernen menschlichen Bewusstsein die kosmische Behausung abhandengekommen ist. Die auf sich zurückgeworfene Seele verlagert sich vollkommen in das Innenleben des Menschen und belastet dessen Bewusstsein, so dass sie – egozentrisch aufgeladen – pathologische Formen annimmt.

Jung ist kein Historiker, sondern Arzt und Analytiker. Mythologien und Religionen erforschte er deswegen, weil er die menschliche Psyche transparent machen wollte. Jung stellte nun die These auf, dass der Mensch unbewusste Prozesse mit Hilfe alchemischer Symbolik verarbeitet. Alchemie betrachtete er nicht als laboratorische Praxis, vielmehr sah er in ihr verdeckte Traumvisionen und Heilssehnsüchte. In Allegorien der Alchemie – so die These von Jung – sind Urbilder der Menschheit verborgen, ein unbewusster Thesaurus der Bilder, der das Innenleben jedes Menschen beeinflusst, selbst wenn er von der Alchemie noch nie etwas gehört hat. Im Prozess des Großen Werks, an dessen Ende der Stein der Weisen steht, gelangt der Mensch zu seinem ganzheitlichen Selbst. Oder wie es einmal Mircea Eliade formulierte, der öfter mit Jung zusammentraf: »Nach Jung war das, was die Alche-

24 Rosarium philosophorum. Ein alchemisches Florilegium des Spätmittelalters. Faksimile der illustrierten Erstausgabe Frankfurt 1550, hrsg. von JOACHIM TELLE, aus dem Lat. ins Dt. übers. von LUTZ CLAREN, JOACHIM HUBER, Bd. 2, Weinheim 1992, S. 64.

25 Turba Philosophorum [1550], zit. nach: UMBERTO ECO: Die Grenzen der Interpretation, aus dem Ital. von GÜNTER MEMMERT, München 1992, S. 105.

miker ›Materie‹ nannten, in Wirklichkeit das eigene Ich.«[26] Bei diesem mitunter schmerzhaften Prozess der »Verselbstung« bzw. der Bewusstwerdung hat sich der Mensch von der Masse der Mitmenschen zu lösen. Ebenso wie das Werk des Adepten in der Abgeschiedenheit des Laboratoriums muss auch die Individuation allein vollbracht werden.

Wie Sigmund Freud war auch Carl Gustav Jung vom menschlichen Unbewussten fasziniert. Aber anders als sein Rivale aus Wien, stellte er das persönliche Unbewusste in einen kollektiv-geschichtlichen Wirkungszusammenhang, d. h. die individuelle Psyche des Menschen bildet etwas Gattungsbezogenes ab und fungiert somit als Speicher des psychischen Erbes der Menschheitsgeschichte. Besonders häufige, immer wiederkehrende psychische Muster formen sich nach Jung zu Grundmotiven bzw. Archetypen, die die kollektive und individuelle Psyche strukturieren. Dabei spielte die Bildsprache der Alchemie als historische Ausgestaltung einer Psychologie des Unbewussten eine herausragende Rolle: »Sehr bald hatte ich gesehen, daß die Analytische Psychologie mit der Alchemie merkwürdig übereinstimmt. Die Erfahrungen der Alchemisten waren meine Erfahrungen, und ihre Welt war in gewissem Sinn meine Welt. Das war für mich natürlich eine ideale Entdeckung, denn damit hatte ich das historische Gegenstück zu meiner Psychologie des Unbewussten gefunden.«[27] In den Quellen der Alchemietradition wimmelte es nur so von anthropologischen Symbolen, wie »Geburt«, »Tod«, »Kind«, »Begehren«, »Vereinigung« oder »Hass« – ganze Lebenszyklen werden zum Ausdruck gebracht. Jung erkennt darin sogenannte Archetypen, die dem Unbewussten entstammen und damit nicht den Gesetzen der Zeit und des Raumes unterliegen. Vielmehr konstituiert sich das Unbewusste in widersprüchlichen, unlogischen anachronistischen Ausdrucksformen, in der ewigen Wiederkehr eines überschaubaren Sets von Archetypen.

Schon immer bestand Alchemie als Kunst, die in der Natur angelegten Entwicklungsprozesse zur Vollendung zu bringen, aus einer praktischen und aus einer spekulativen Variante. Die Arbeit mit der Materie war für den Alchemiker keineswegs ausschließlich reines Handwerk, er sah darin vielmehr ein Vehikel zur Vervollkommnung der eigenen Seele. Paracelsus sollte von einer unteren und einer oberen Alchemie sprechen. Auf der einen Seite stand die konkrete kräuterkundliche und metallurgische Arbeit, die wertvolle Grundlagen für Chemie und Pharmazie bereitstellen konnte, auf der anderen Seite wurde die Verwandlung der Elemente zu einem Spiegel seeli-

26 MIRCEA ELIADE: C. G. Jung und die Alchemie, in: DERS.: Schmiede und Alchemisten (s. Anm. 17), S. 216 – 220, hier S. 219.

27 CARL GUSTAV JUNG: Erinnerungen, Träume, Gedanken, hrsg. von ANIELA JAFFÉ, 11. Aufl., Olten – Freiburg i. Br. 1981, S. 209.

scher Läuterung. Im Laboratorium sollte stofflich anschaulich werden, was sich im Innern des Menschen an Veränderungen und Reinigungen vollzog. Imaginäre Eingebung war unentbehrlicher Bestandteil alchemischer Erfahrung.[28] Jung erkannte, dass in »Laboratorium« das Wort »Oratorium« steckt. Alchemiker pflegten ihre Erkenntnisse nicht allein aus Experimenten zu gewinnen, sondern ebenso aus Gebeten, Meditationen und Träumen. Bisweilen verselbstständigte sich die Einbildung des Alchemikers so sehr, dass ein neues Buchgenre entstand: das Traumbuch, in dem sich alchemische Erfahrungen in Form von allegorischen Träumen Ausdruck verschaffen. Unter dem Einfluss der *Hypnerotomachia Poliphili* (Venedig 1499) von Francesco Colonna, der im Traum die Suche eines Verliebten in einer enigmatischen Landschaft beschreibt, waren derartige Bücher besonders in Frankreich und Italien beliebt. 1599 veröffentlichte der italienische Alchemiker Giovanni Battista Nazari den Traktat *Della Trasmutatione metallica, sogni 3* (Brescia 1599). In Ich-Form verfasste Träume schildern eine alchemische »erleuchtete Reise« (*inspiritato viaggio*) zu einer inneren Offenbarung. Carl Gustav Jungs Traumsymbolik konnte daran anknüpfen.

Mit der alchemischen Tradition und Bildsprache hatte Jung ein *missing link* gefunden – zwischen antiker Gnosis und moderner Tiefenpsychologie.[29] Jung war übrigens nicht der erste, der Alchemie und Psychologie parallelisierte. Jung konnte an die Forschungen des früh verstorbenen Freud-Schülers Herbert Silberer anknüpfen, der in *Probleme der Mystik und ihre Symbolik* (Wien 1914) die Alchemie erstmals aus tiefenpsychologischer Perspektive behandelt hatte.[30] Dass die Alchemie auch in modernen Gemütern subkutan lebendig ist, diese Idee machte Jung Mitte der dreißiger Jahre in der akademischen Welt bekannt. Im Jahre 1935 hielt Jung in der Villa Eranos zu Ascona den Vortrag *Traumsymbole und Individuationsprozess* (Eranos-Jahrbuch III, 1936), dem ein Jahr später ein zweiter mit dem Titel *Die Erlösungsvorstellungen in der Alchemie* (Eranos-Jahrbuch IV, 1937) folgte. Diese Vorträge erschienen in erweiterter Form 1944 als Buch unter dem Titel *Psychologie und Alchemie* (zweite revidierte Auflage 1952).

Jung widmete der konsequenten Verbindung von Alchemie und Psychologie Jahrzehnte seiner Forschungsarbeit. Sie reicht von der Lebensmitte

28 So liegt es nahe, dass die längere Betrachtung des flackernden Feuers einen idealen Nährboden darstellte, sich alle möglichen Gestalten einzubilden.

29 Ebd., S. 204 f.

30 Diese spirituelle Verinnerlichung alchemischer Vorstellungen kann bis Jacob Böhme zurückverfolgt werden, siehe die gerade fertig gestellte Dissertation: MIKE A. ZUBER: Spiritual Alchemy from the Age of Jacob Böhme to Mary Anne Atwood, Amsterdam 2017; siehe bereits ETHAN ALLAN HITCHCOCK: Remarks upon Alchemy and the Alchemists, Boston 1857.

bis zur letzten Schaffensperiode und faszinierte ihn wie kaum ein anderes Themenfeld. Wie entstand dieses Interesse? Im Jahre 1928 hatte ihn der Sinologe Richard Wilhelm gebeten, zu einem alten chinesischen Text einen Kommentar aus dem Blickwinkel der europäischen Psychologie zu verfassen. Wilhelm hatte den Traktat *Das Geheimnis der Goldenen Blüte* übersetzt.[31] Was Jung sogleich an dieser Quelle faszinierte, waren die ins Auge springenden Parallelen in den alchemischen Praktiken der westlichen und taoistischen Tradition. Die Suche nach dem Elixier des ewigen Lebens war in China Sache von auserwählten Menschen, denen besonders Langlebigkeit zuteilgeworden war. Während das »äußerliche Elixier« (»Waidan«) die pharmazeutische Herstellung chemischer Essenzen voraussetzte, resultierte das »innere Elixier« (»Neidan«) aus meditativen Praktiken.[32] So manche Ausdrucksform in China war mit der in Europa nicht nur vergleichbar, sondern austauschbar. Jungs Ahnung wuchs immer mehr zur Überzeugung heran, dass wir uns in der »goldenen Blume« bzw. im »Stein der Weisen« unserer Unsterblichkeit versichern bzw. in unserem Selbst spiegeln. Vom chinesischen Tao als Methode oder bewusstem Weg, der Getrenntes vereinigt, sei auch der psychische Entwicklungsprozess im Westen geprägt. Zum Ausdruck komme er in Symbolen, die hauptsächlich zum sogenannten Mandala-Typus gehören. Mandala heißt Kreis, genauer magischer Kreis. Die Mandalas sind nicht nur über den ganzen Osten verbreitet, sondern sie sind auch im abendländischen Mittelalter reichlich bezeugt. Nicht zuletzt das im Alten China gepflegte Wissen brachte Jung auf die Idee, dass Wissenschaft nicht auf dem Kausalprinzip beruhen muss, sondern auch auf einem – wie er es nannte – synchronistischen Prinzip. Denn auch in der Psychologie gebe es Parallelerscheinungen, die sich kausal nicht aufeinander beziehen lassen, sondern in einem anderen, eben synchronen Geschehenszusammenhang stehen müssen.

Mit der chinesischen Quelle, dem Traktat *Das Geheimnis der Goldenen Blüte*, war Jungs Interesse an der europäischen Alchemie entfacht. Jung entwickelte sich zu einem Büchersammler respektablen Ausmaßes auf diesem Gebiet. Von einem Münchner Buchhändler erwarb Jung bald darauf den ersten Klassiker der Alchemiegeschichte, die zweibändige *Artis Auriferae* (Basel 1593), eine Kompilation von zwanzig lateinischen Texten, in ihr ein-

31 Das Geheimnis der Goldenen Blüte. Ein chinesisches Lebensbuch, übersetzt und erläutert von RICHARD WILHELM, mit einem europäischen Kommentar von C. G. JUNG, München 1929.

32 FABRIZIO PREGADIO: Great Clarity. Daoism and Alchemy in Early Medieval China, Stanford 2006; CHING-LING WANG: Chinesische Alchemie, in: Alchemie. Die große Kunst. Für die Staatlichen Museen zu Berlin hrsg. von JÖRG VÖLLNAGEL in Zusammenarbeit mit DAVID BRAFMAN, Berlin 2017, S. 33 – 37.

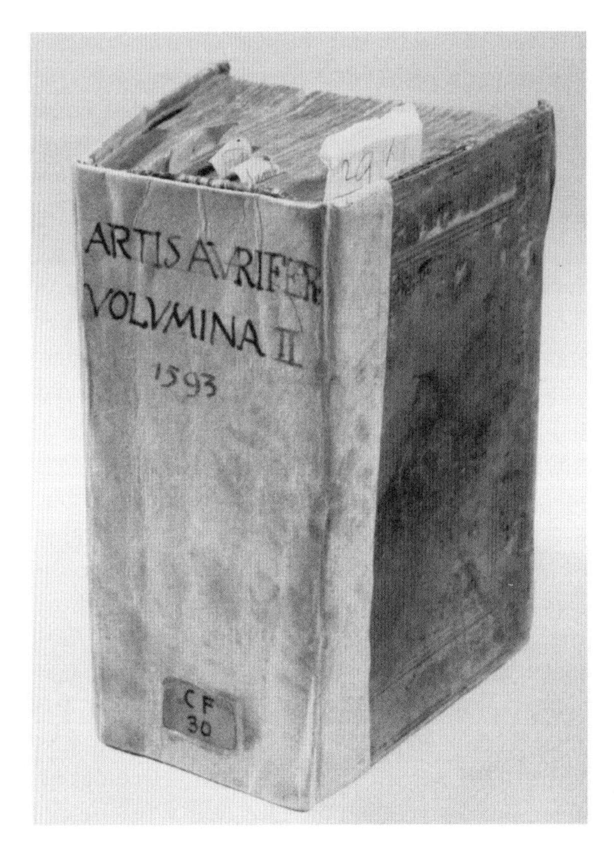

Abb. 4: Jungs Exemplar der Artis Auriferae (1593)

gebunden waren auch das *Rosarium Philosophorum* und die *Turba Philosophorum*, auf die sich Jung in seinen alchemischen Studien oft beziehen sollte (Abb. 4). In der 1930er Jahren sollte er die Alchemie systematisch untersuchen. Jung beauftragte findige Antiquare, die ihm für nicht wenig Geld wichtige Originalschriften besorgten. Jung stellte eine exquisite Sammlung alchemischer Druckschriften zusammen. 1940 weitgehend komplett, bestand sie aus mehr als 250 seltenen Druckschriften. Sie stellte zweifellos das Herzstück seiner Privatbibliothek dar. In Jungs Bibliothek wimmelte es nur so von Büchern, die auch in der Ausstellung *Goldenes Wissen* in Wolfenbüttel gezeigt worden sind – von Michael Meiers *Viatorium* (Oppenheim 1618) über Béroalde de Vervilles *Tableau des Riches Inventions* (Paris 1600) bis zu Barent Coenders van Helpens *Escaliers des Sages* (Groningen 1689), um nur eine kleine Auswahl zu nennen.[33] Jung hatte sich bereits Mitte der zwanzi-

33 Dieses mit handschriftlichen Marginalien versehene Rara-Material ist inzwischen von der ETH Zürich digitalisiert worden und kann von jedem Interessierten von zu Hause aus bequem eingesehen werden (http://www.e-rara.ch/alch/nav/classification/1133851 [letzter Zugriff 01.06.2019]). Vgl. THOMAS FISCHER: The Alchemical

Abb. 5: Carl Gustav Jung in seiner Wohnung in Küsnacht vor einer Bücherwand mit Alchemica, Foto: Tim Nahum Gidal, 1946

ger Jahre in einem Traum eine imaginäre Bibliothek vor Augen gestellt. Sie befand sich in einem fremd anmutenden Anbau zu seinem Wohnhaus. In seinen Erinnerungen ist zu lesen: »Große dicke Folianten, in Schweinsleder gebunden, standen an den Wänden. Unter ihnen gab es etliche, die mit Kupferstichen von seltsamer Natur verziert waren und Abbildungen von alchemischen Symbolen enthielten, wie ich sie noch nie gesehen hatte.«[34]

Es gibt eine bekannte Fotografie, die Carl Gustav Jung in seiner Privatbibliothek in seinem Haus am Zürichsee zeigt (Abb. 5). Was kann man auf der nicht allzu scharfen Fotografie erkennen?[35] Generell kann man sagen, dass sich in der rechten Hälfte des Büchergestells eher die Alchemie-Kompilationen des 19. Jahrhunderts befinden, wie die *Bibliotheca chemica* von John Ferguson oder Hermann Kopps *Die Alchemie in älterer und neuerer Zeit* (2 Bde. 1886), anhand derer sich Jung einen Überblick über die alchemische Literatur verschaffte und die ihm bei seinen antiquarischen Recherchen und Ankäufen als Referenzwerke dienten. In der linken Hälfte, die auf der histo-

Rare Book Collection of C. G. Jung, International Journal of Jungian Studies. Special issue 3/2 (2011), S. 169–180.

34 JUNG: Erinnerungen (s. Anm. 27), S. 206.

35 Hilfsbereite Menschen von der Stiftung der Werke von C. G. Jung haben mir den Weg gebahnt, die Fotografie zu deuten.

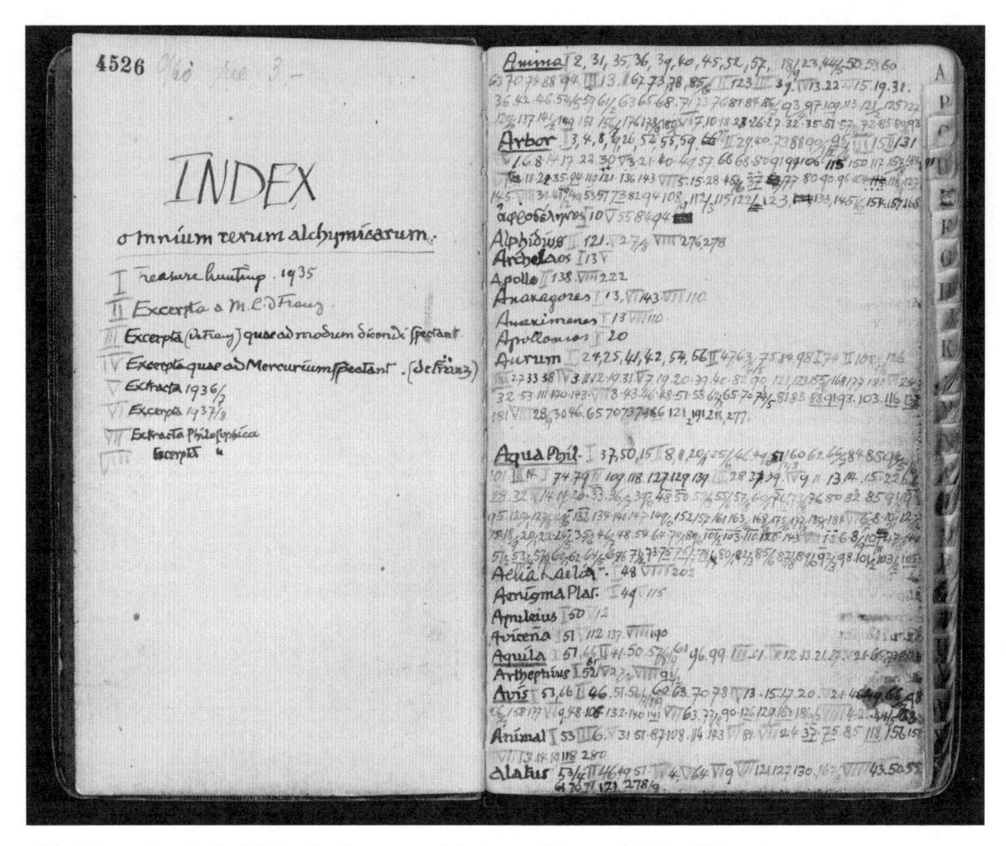

Abb. 6: Jungs handschriftliches Stichwortverzeichnis zum Wissensfeld der Alchemie

rischen Aufnahme weniger gut im Detail zu identifizieren ist, sind die alten Drucke zur Alchemie aufgestellt. In der linken Gestellhälfte finden sich im obersten Fach die Schriften des Paracelsus, darunter dann die individuellen alten Alchemiedrucke, wie etwa das Sammelwerk *Artis Auriferae*. In der Hand hält Jung übrigens ein englischsprachiges Handbuch zur Hermetik. Aber nicht nur mit Hilfe dieser Fotografie ist es möglich, einen Blick in die geistige Werkstatt Carl Gustav Jungs zu werfen. Seine Exzerpte aus alchemischen Texten füllen zwei Foliobände (Abb. 6). Über Jungs Arbeitsweise geben seine Erinnerungen Auskunft: »Ich brauchte lange, um den Faden im Labyrinth der alchemischen Gedankengänge zu finden, denn keine Ariadne hatte ihn mir in die Hand gedrückt. Im *Rosarium Philosophorum* bemerkte ich, daß gewisse seltsame Ausdrücke und Wendungen sich häufig wiederholten. (...) Ich sah, daß diese Ausdrücke immer wieder in einem bestimmten Sinn gebraucht wurden, den ich jedoch nicht mit Sicherheit erfassen konnte. So beschloß ich, mir ein Stichwörter-Lexikon mit cross-references anzulegen. Im Laufe der Zeit habe ich viele Tausende von Stichwörtern gesammelt, und es entstanden Bände nur mit Exzerpten. Ich befolgte eine rein philologische Methode, wie wenn es darum gegangen wäre, eine unbekannte Sprache zu erschließen. Auf diese Weise ergab sich mir allmählich der Sinn der alchemischen Ausdrucksweise. Es war eine Arbeit, die mich für mehr als ein Jahrzehnt in Atem hielt.«[36]

Kekulés Traum

Für Jung waren Alchemiker in erster Linie Träumer, ihre Träume stellten aber alles andere als eine erkenntnistheoretische Marginalität dar. Vielmehr lassen Träume die Wahrheit erkennen, eine Wahrheit, die lange Zeit verschüttet gewesen oder verdrängt worden ist. In der Geschichte der harten Naturwissenschaften gibt es einen Protagonisten, der den theoretischen Ansatz von Carl Gustav Jung, die Fundamentierung des kollektiven Unbewussten durch alchemische Symbolik, mustergültig bestätigen sollte. Wie eine Synthese aus Alt und Neu, symbolischer Alchemie und experimenteller, quantifizierbarer, auf Formeln basierender Chemie erscheint die Traumerzählung des Bonner Chemikers Friedrich August Kekulé Ende des 19. Jahrhunderts, in der sich atomare Struktur und alchemische Bildzeichen miteinander vermischen.

Im Traum soll die Idee geboren sein, das komplexe, besonders schwer zu bestimmende Benzol als Ring darzustellen – so lautet wenigstens die Mär, die in keinem Schulbuch fehlen durfte. Sechs Kohlenstoffatome sind ringförmig so anzuordnen, dass sich an ihnen jeweils ein Wasserstoffatom anbinden kann (Abb. 7).[37] Der Aufstieg der chemischen Industrie Ende des 19. Jahrhunderts wäre nicht denkbar gewesen, wenn man diesen Stoff nicht in seiner Struktur durchschaut hätte. Die zyklische, ringförmige Struktur des Benzols wurde durch Friedrich August Kekulé in Metaphern gekleidet: Zunächst als geschlossene Kette in seinem berühmten Aufsatz *Untersuchun-*

Abb. 7: Briefmarke 100 Jahre Benzolformel, Aufl. 70 Mio., Tag der Ausgabe: 14. August 1964, Entwurf Karl Otto Blase (Michel Nr. 440)

36 JUNG: Erinnerungen (s. Anm. 27), S. 208 f.

37 RALPH BURMESTER: August Kekulé (1829 – 1896). Eine biographische Skizze, in: DERS. (Hrsg.): Kekulés Traum von der Benzolformel zum Bonner Chemiepalast, Begleitpublikation zur Sonderausstellung. Deutsches Museum Bonn, Bonn 2011, S. 15 – 41; ELISABETH VAUPEL: Kekulés Benzoltheorie und ihre Bedeutung für die chemische Industrie, in: ebd., S. 41 – 63.

EMBLEMA XIV. *De ſecretis Naturæ.* 65
Hic eſt Draco caudam ſuam devorans.

EPIGRAMMA XIV.

Dira fames Polypos docuit ſua rodere crura,
Humanáque homines ſe nutriiſſe dape.
Dente Draco caudam dum mordet & ingerit alvo,
Magnâ parte ſui fit cibus ipſe ſibi.
Ille domandus erit ferro, fame, carcere, donec
Se voret & revomat, ſe necet & pariat.

I VETE-

Abb. 8: Ouroboros, aus: Michael Maier: Atalanta Fugiens, Oppenheim 1618, Emblem XIV. HAB Wolfenbüttel: 196 Quod. (1)

gen ueber aromatische Verbindungen von 1865, später erst – bei der Dankrede zum 25. Jahrestag der Entdeckung der Benzolstruktur im Jahre 1890 – brachte Kekulé die Schlangenmetapher ins Spiel: »Lange Reihen, vielfach dichter zusammengefügt; Alles in Bewegung, schlangenartig sich windend und drehend. Und siehe, was war das? Eine der Schlangen erfasste den eigenen Schwanz und höhnisch wirbelte das Gebilde vor meinen Augen. Wie durch einen Blitzstrahl erwachte ich; auch diesmal verbrachte ich den Rest der Nacht, um die Consequenzen der Hypothese auszuarbeiten.«[38]

Es ist viel spekuliert worden, ob der erwähnte Traum tatsächlich geträumt worden ist.[39] Auf die Frage, wie er denn auf diese Ringformel gekommen sei, verbreitete Friedrich August Kekulé 25 Jahre nach seinem Heureka-Erlebnis eine Traumerzählung: Er habe von in Ketten aufgereihten Atomen geträumt, die sich zur Schlange formten, die sich in den eigenen Schwanz beißt. Diese eigentümliche Schlange nennt man *Ouroboros*, sie stellt ein archaisches Symbol dar, in der Alchemie war sie als zentrales Bildmotiv etabliert (Abb. 8). Dieses Wesen, das sich eigentlich selbst verstümmelt, symbolisierte einen in sich geschlossenen und wiederholt ablaufenden chemischen Prozess.[40] Es verkörpert die Wandlung der Materie durch Erhitzen, Verdampfen, Abkühlen und Kondensieren, die Reinigung der Materie durch Destillation. Von nun an hieß es, Kekulé habe seine berühmte Benzolformel im Traum »gesehen«. Im Unterbewusstsein eines modernen Naturwissenschaftlers hatten sich »geniale Vision« und die Symbolik der Alchemie vereinigt.

Kernphysikalische Ahnungen der Ganzheit

Erkenntnisse über die Natur scheinen letztendlich auf Archetypen zurückzugehen. Archetypische Intuition und Symbolbildung stehen hinter Forschung und Theoriebildung und bilden die Brücke zu den Sinneswahr-

38 AUGUST KEKULÉ: Festansprache, in: GUSTAV SCHULTZ: Bericht über die Feier der Deutschen Chemischen Gesellschaft zu Ehren August Kekulés, Berlin 1890, S. 38 – 47, hier S. 42.

39 JOHN H. WOTIZ, SUSANNA RUDOFSKY: Kekule's dreams: fact or fiction?, in: Chemistry in Britain 20 (1984), S. 720 – 723.

40 HEINZ L. KRETZENMACHER: Geschlossene Ketten und wirbelnde Schlangen – Die metaphorische Darstellung der Benzolformel, in: PETER JANICH, NIKOLAOS PASARROS (Hrsg.): Die Sprache der Chemie. 2. Erlenmeyer-Kolloquium zur Philosophie der Chemie, Würzburg 1996, S. 187 – 193; UTE FRIETSCH: Sciences, humanities and the ›scientific unconscious‹: gender-related images in alchemy and chemistry, in: HELEN GÖTSCHEL (Hrsg.): Transforming Substance. Gender in Material Sciences, Uppsala 2013, S. 85 – 108.

nehmungen. Wolfgang Pauli, eminenter Quantenphysiker, der 1945 den Nobelpreis für Physik erhielt, war davon überzeugt, dass wissenschaftliche Theorien durch lebendige Bilder inspiriert würden, die im Unbewussten vorhanden sind: »Ich hoffe, dass niemand mehr der Meinung ist, dass Theorien durch zwingende logische Schlüsse aus Protokollbüchern abgeleitet werden, eine Ansicht, die in meinen Studententagen noch sehr in Mode war. Theorien kommen zustande durch ein vom empirischen Material inspiriertes Verstehen, welches am besten im Anschluss an Plato als zur Deckung kommen von inneren Bildern mit äußeren Objekten und ihrem Verhalten zu deuten ist.«[41] Das mit dem Heureka-Moment einhergehende Glücksgefühl in den Sternstunden der Wissenschaftsgeschichte ist also Resultat der Koinzidenz von innerem Bild und äußerer Wahrnehmung.

Nach Wolfgang Pauli waren das Pauli-Prinzip sowie der Pauli-Effekt benannt. Das Pauli-Prinzip besagt, dass sich zwei Elektronen im Atom nie an derselben Stelle befinden können. Der Pauli-Effekt bezeichnet das in Anekdoten überlieferte Phänomen, dass in Paulis Gegenwart ungewöhnlich häufig experimentelle Apparaturen versagten oder sogar spontan zu Bruch gingen. Selbst seriöse Physiker konnten sich des Eindrucks nicht erwehren, dass Paulis ausgeprägte Aversion gegenüber der Experimentalphysik gekoppelt schien an seinem tiefen Verständnis von kernphysikalischen Zusammenhängen, so dass synchronistische Phänomene auftraten, d. h. Ereignisse, die sich kausal zwar nicht direkt bedingen aber dennoch korreliert sind. Bei Pauli kreuzten sich zwei Existenzweisen, die von der modernen Forschung sonst fein säuberlich auseinandergehalten wurden. Einerseits stieg er als messerscharfer und schonungsloser Rationalist zum »Gewissen der Physik« auf, der bereits als 21-jähriger einen 200-seitigen Enzyklopädieartikel über die Relativitätstheorie verfasste, der die Anerkennung Albert Einstein fand, andererseits suchte er – zunehmend davon überzeugt, dass Rationalität, Kausalität und Bewusstsein die Natur nicht vollständig erfassen könnten – nach Wegen eines ganzheitlichen Zugangs zur Natur.[42] In Begegnungen mit Carl Gustav Jung, dem er seine Träume anvertraute, erweiterte er seinen Horizont. Für Pauli und auch Jung war der moderne Mensch hin- und hergerissen zwischen dem kritisch-rationalen Typus, der analysieren und verstehen will und dem mystisch veranlagten Typus, der das erlösende Einheitserlebnis sucht. Mit der Zeit erwuchs aus dem Ver-

41 WOLFGANG PAULI: Phänomen und physikalische Realität, in: Dialektica 11 (1957), S. 36 – 48, wieder abgedruckt in: DERS.: Aufsätze und Vorträge über Physik und Erkenntnistheorie, Berlin – Heidelberg 1961, S. 93 – 101.

42 Vgl. bes. ERNST PETER FISCHER: Brücken zum Kosmos. Wolfgang Pauli zwischen Kernphysik und Weltharmonie, Konstanz 2004; KALERVO V. LAURIKAINEN: Beyond the Atom – The Philosophical Thought of Wolfgang Pauli, Berlin 1988.

hältnis zwischen Analytiker und Patient eine freundschaftliche Beziehung, die jahrzehntelang andauerte.[43] Schlüsselthema war die als problematisch empfundene Wechselwirkung zwischen Geist und Materie in all ihren Facetten. Intensiv diskutierten sie über Archetypen, Mandalas, Alchemie, Ufologie, Zahlenmystik, Quanten, Symmetrie, Komplementarität, Kausalität und Synchronizität.

Pauli plädierte für eine »Hintergrundphysik«, die die Defizite der zeitgenössischen Physik ausgleichen und sich aus einem Naturverständnis, das Physis und Psyche, Geist und Materie umfasste, speisen sollte – eine Naturbetrachtung, die er noch im 17. Jahrhundert bei alchemisch eingestellten Naturphilosophen ausfindig machte.[44] Pauli interessierte sich für die Entstehungsgeschichte der modernen Naturwissenschaft im 17. Jahrhundert. In einem Aufsatz beschreibt er zwei Zugänge zur Naturerkenntnis: einen ganzheitlich-spirituellen Zugang, der durch den Alchemiker und Arzt Robert Fludd verkörpert wird, und einen Zugang über die Berechnung, der auf exakten Beobachtungen und mathematischen Methoden beruht, wie er durch den Astronomen Johannes Kepler repräsentiert wird. Fludd war von der empirischen Außenwelt noch nicht so stark in Bann geschlagen und lebte viel mehr in der Gegenwart der psychischen Bilder, die er als ebenso real empfand. Aber auch Keplers mathematische und empirische Annäherung wurde – so Pauli – durch Urbilder befeuert. Der Streit, der zwischen Fludd und Kepler entflammte, führte schließlich zu einem Bruch zweier Naturzugänge, der bis heute nicht gekittet ist.[45]

Pauli wehrt sich gegen das nüchterne prosaische, logisch widerspruchsfreie Denken, das sich seit Galilei und Newton in der Naturwissenschaft etabliert hat, wodurch der Zusammenhang zwischen Materie und Geist, Natur und Kultur verschüttet worden ist. Dabei beziehen beide Dimensionen ihre entscheidenden Impulse aus dem Geist des Paradoxen, Imaginären und

43 Der in Briefen überlieferte Gedankenaustausch sollte sich von 1931 bis zu Paulis Todesjahr im Jahr 1958 erstrecken; HANS PRIMAS, HARALD ATMANSPACHER, EVA WERTENSCHLAG-BIRKHÄUSER (Hrsg.): Der Pauli-Jung-Dialog und seine Bedeutung für die moderne Wissenschaft, Berlin-Heidelberg 1995, S. 301–316.

44 WOLFGANG PAULI: Der Einfluss archetypischer Vorstellungen auf die Bildung naturwissenschaftlicher Theorien bei Kepler, in: DERS., CARL GUSTAV JUNG (Hrsg.): Naturerklärung und Psyche, Zürich 1952, S. 109–194, hier S. 162; vgl. ROBERT S. WESTMAN: Nature, Art, and Psyche. Jung, Pauli, and the Kepler-Fludd-Polemic, in: BRIAN VICKERS (Hrsg.): Occult and Scientific Mentalities in the Renaissance, Cambridge 1984, S. 177–229.

45 EVA WERTENSCHLAG-BIRKHÄUSER: Kepler und Fludd. Überlegungen zu Wolfgang Paulis Kepler-Aufsatz, in: DIES., HANS PRIMAS, HARALD ATMANSPACHER (Hrsg.): Der Pauli-Jung-Dialog und seine Bedeutung für die moderne Wissenschaft, Berlin-Heidelberg 1995, S. 301–316.

Visuellen.[46] Es gilt, im Materiellen selbst das Geistige zu verorten und nicht es mit dem Sündhaften zu identifizieren, wie es das Christentum jahrhundertelang praktiziert habe. Es gehe um »eine Rangerhöhung des weiblichen Prinzips«[47].

Ausblick

Dass mit der Trennung von Subjekt und Objekt, Forscher und Gegenstand der Aufbau der Natur nicht vollständig erfasst werden könne, ist eine der wichtigsten Erkenntnisse der Quantenphysik, oder in Paulis Worten: »Die Phänomene haben somit in der Atomphysik eine neue Eigenschaft der *Ganzheit*, in dem sie sich nicht in Teilphänomene zerlegen lassen, ohne das ganze Phänomen dabei wesentlich zu ändern.«[48] Aus der Heisenbergschen Unschärferelation, nach der »jeder bei einer Messung erworbene Gewinn von Kenntnissen mit dem Verlust von anderen komplementären Kenntnissen bezahlt werden muss«[49], kann geschlossen werden, dass in der modernen Mikrophysik die völlige Trennung zwischen Beobachter und beobachtetem Subjekt bereits aufgehoben worden ist. Bei diesen Rahmenbedingungen verwundert es kaum, dass der Chemiehistoriker Wilhelm Ganzenmüller Mitte des 20. Jahrhunderts eine gegenüber dem 19. Jahrhundert weitaus größere Aufgeschlossenheit der modernen Naturwissenschaft gegenüber der Alchemie konstatieren: »So lange die Chemie die Elemente als die unzerlegbaren und daher auch unwandelbaren Bausteine der Materie betrachtete, erschien das Bestreben der Alchemie, ein Element in ein anderes zu verwandeln, als so unsinnig, daß die Beschäftigung mit ihr dem wissenschaftlich denkenden kaum lohnend erschien. Nachdem aber die Atomforschung der neuesten Zeit gezeigt hat, daß die Verwandlung eines Elements in ein anderes theoretisch möglich ist, konnte auch die Stellung zur Alchemie eine andere werden.«[50] 1903 hatten die Chemiker Frederick

46 Nicht erst die Quantentheorie zeigt die Produktivität von Widersprüchen, wenn Licht zugleich als Welle und Teilchen charakterisiert wird.

47 Wolfgang Pauli an Carl Friedrich von Weizsäcker, Juni 1954, in: WOLFGANG PAULI: Wissenschaftlicher Briefwechsel mit Bohr, Einstein, Heisenberg, Bd. 4, Teil 2, hrsg. von KARL V. MEYENN, Berlin 1999, S. 693–698, hier S. 697.

48 WOLFGANG PAULI: Naturwissenschaftliche und erkenntnistheoretische Aspekte der Ideen vom Unbewussten, in: Dialectica 8 (1954), S. 283–301, wieder abgedruckt in: DERS.: Aufsätze und Vorträge (s. Anm. 41), S. 113–128.

49 PAULI: Einfluss archetypischer Vorstellungen (s. Anm. 44), S. 163.

50 WILHELM GANZENMÜLLER: Beiträge zur Geschichte der Technologie und Alchemie, Weinheim 1956, S. 360.

Soddy und der Physiker Ernest Rutherford herausgefunden, dass radioaktive Elemente, wie z.B. Uran unter Aussendung von Strahlung von selbst in eine Kette anderer Elemente zerfallen. Ganz von allein vollzog sich also eine Transmutation, an der sich Alchemiker jahrhundertelang versucht hatten. Obwohl Rutherford Vergleiche zur Alchemie nicht besonders geheuer waren, gab er seinem letzten, 1937 erschienenen Buch den Titel *The Newer Alchemy*.[51]

Heute hat das Wissen längst Dimensionen jenseits der uns vertrauten Kategorien von Raum und Zeit erobert. Unter der Oberfläche der Sichtbarkeiten eröffnen sich Felder fundamentaler Wirkungszusammenhänge, die zugleich als Projektionsflächen für Imaginationen und Metaphern dienen. Auf der Suche nach einem immer noch kleineren Element wurde vor wenigen Jahren in der Quantenphysik ein »Gottesteilchen« verifiziert. Der Weg zur Alchemie ist weit – gewiss. Aber in der Nanowelt wird deutlich, dass logische Formelsprache nicht ausreicht, die neuen Entdeckungen der harten Wissenschaften zu vermitteln. Alles ist so unvorstellbar klein oder auch groß: Was bleibt, ist der Sprung in die Metapher. Der Blick in das Zeitalter der Alchemie zeigt, wie wichtig den wissbegierigen Menschen Symbole und prägnante Bilder gewesen sind, um die himmelweiten Abstände und Zusammenhänge der Welt zu deuten. Alchemiker gebrauchten weder Formeln noch Gleichungen, sondern Bildzeichen, die in ihrer ikonischen Ausprägung zum Teil bis auf antike Zeiten zurückgehen.

Bildnachweis

Abb. 1: Dedo von Kerssenbrock- Krosigk, Sven Dupré u. a. (Hrsg.): Kunst und Alchemie. Das Geheimnis der Verwandlung, Ausst.-Kat. Museum Kunstpalast, Kat. 100. Düsseldorf, München 2014, S. 216

Abb. 2: Dedo von Kerssenbrock- Krosigk, Sven Dupré u. a. (Hrsg.): Kunst und Alchemie. Das Geheimnis der Verwandlung, Ausst.-Kat. Museum Kunstpalast Düsseldorf, München 2014, S. 210.

Abb. 4: Sonu Shamdasani: C. G. Jung. A Biography of Books. Fondation Martin Bodmer, New York 2012, S. 169.

Abb. 5: Tim Nahum Gidal © The Israel Museum, Jerusalem

Abb. 6: Sonu Shamdasani: C. G. Jung. A Biography of Books. Fondation Martin Bodmer, New York 2012, S. 172 f.

51 Vgl. MARK S. MORRISSON: Modern Alchemy. Occultism and the Emergence of Atomic Theory, Oxford 2007.